前端自动化测试框架

从入门到精通

/ 蔡 超 编著 /

电子工业出版社
Publishing House of Electronics Industry
北京·BEIJING

内 容 简 介

本书是一本介绍软件自动化测试框架搭建、使用及定制方面的技术书籍，更是一本端到端自动化测试（包括 UI 自动化测试和接口自动化测试）的专业指导书。

基于测试框架 Cypress，本书内容由浅入深，覆盖了自动化测试的方方面面。包括目前流行的前端自动化测试工具基本介绍、Cypress 测试框架的主要特点、性能比较、Cypress 测试框架拆解、动态生成、动态挑选、动态执行、数据驱动等 Cypress 最佳实践，以及接口测试、Mock Server、API、Cypress 持续集成实践等丰富的知识点，并附有详细实例。学习完本书，读者不仅能搭建一套覆盖 UI 自动化、接口自动化测试的测试框架，也能将此框架与 DevOps 流程集成在一起，实现测试效率的提升。全书案例代码可下载，并附 180 分钟视频课程。

本书适合广大软件测试人员学习自动化测试技术，也可用于相关管理人员的自动化测试框架选型参考。

未经许可，不得以任何方式复制或抄袭本书之部分或全部内容。
版权所有，侵权必究。

图书在版编目（CIP）数据

前端自动化测试框架：Cypress 从入门到精通 / 蔡超编著. —北京：电子工业出版社，2020.4
ISBN 978-7-121-38778-4

Ⅰ. ①前… Ⅱ. ①蔡… Ⅲ. ①软件－测试 Ⅳ. ①TP311.55

中国版本图书馆 CIP 数据核字（2020）第 043276 号

责任编辑：张瑞喜
印　　刷：中国电影出版社印刷厂
装　　订：中国电影出版社印刷厂
出版发行：电子工业出版社
　　　　　北京市海淀区万寿路 173 信箱　邮编　100036
开　　本：710×1000　1/16　印张：15.75　字数：282 千字
版　　次：2020 年 4 月第 1 版
印　　次：2022 年 2 月第 3 次印刷
定　　价：65.00 元

凡所购买电子工业出版社图书有缺损问题，请向购买书店调换。若书店售缺，请与本社发行部联系，联系及邮购电话：(010) 88254888，88258888。

质量投诉请发邮件至 zlts@phei.com.cn，盗版侵权举报请发邮件至 dbqq@phei.com.cn。
本书咨询联系方式：zhangruixi@phei.com.cn。

推荐语

（排名不分先后，按姓名字母顺序列出）

1.

这本书全面介绍了如何通过 Cypress 来实施前端自动化测试，书中提供了大量实例，上手容易，即学即用。书中还介绍了接口测试、Mock 服务和持续集成等一体化解决方案，本书对于 Cypress 新手和用户来说都是极佳的参考书。

——《精通自动化测试框架设计》第一作者　陈东严

2.

在持续测试及过程与方法（DevOps）流行的当下，快速有效的分层自动化是必备的，如何快速有效地交付测试，是很多测试人员所苦恼的，传统的分层自动化学习代价高，构建部署慢，严重影响着优秀测试工程师的职业发展。作者基于 Cypress 及自己多年的自动化测试经验，为大家搭建了一套基于轻量级分层自动化解决方案，对于各位初学者及想在公司中快速落地自动化测试的朋友是非常难得的系统学习手册。

——上海霁晦信息科技有限公司 CEO
TestOps 架构师　陈霁

3.

认识蔡老师这几年里，他一直致力于自动化测试技术的探索和传播，这次终于等到蔡老师的书出版了，我有幸提前学习到了书中的内容，让我受益匪浅。蔡老师在书中详细地介绍了 Cypress 框架，由浅入深地带读者从基础到深入地学习 Cypress，如果你也和我一样对 Cypress 有浓厚的兴趣，那就赶紧翻开这本书吧。

——新奥集团股份有限公司质量总监　陈磊

4.

这是一本值得推荐的实用测试工具操作手册。虽然这几年 Selenium 是 Web 端开源测试工具的代表，但运行速度比较慢一直是其痛点。此书推荐的 Cypress 测试工具很好地解决了这个问题。另外，与 Selenium 相比，Cypress 还可以把测试延伸到 API 领域，使得用一个工具就能更多地覆盖"测试金字塔"的各层，可以带给测试人员更多的"武器"，来解决自动化测试碰到的问题。

——埃森哲中国卓越测试中心负责人　陈晓鹏

5.

Cypress 作为后 Selenium 时代"三驾马车"（Cypress，TestCafe，Puppeteer）中的佼佼者，以速度快、稳定性好著称。最新版本已经支持了 Edge 和 Firefox，使其如虎添翼。所以 Cypress 也许会成为后 Selenium 时代 Web 前端测试的必修课。本书由易到难，详细地介绍了 Cypress 的各个方面以及各种实践，是学习 Cypress 不可多得的入门和实践操作的参考书籍。

——ThoughtWorks 首席软件质量咨询师　刘冉

6.

伴随着软件工程的发展，软件测试的技术、工具和方法也越来越成熟，特别是工具方面，业内不断追求测试的"快、准、全"，其中自动化测试在提效方面发挥了积极的作用。尤其是在近两年大力倡导敏捷测试、研发效能、质量赋能的大背景下，行业内针对自动化测试的技术研究可谓是如火如荼。本书作者结合其多年的技术研发和实战经验，对前端自动化测试工具 Cypress 进行了全景式介绍，值得一读！

——杭州笨马网络技术有限公司（PerfMa）
联合创始人&CTO　童庭坚

7.

之前我对前端的自动化并不是很重视，但是看了这本书，彻底地改变了我的看法。现在测试书籍很多，但是能把前端自动化测试讲解得如此详细的却很少。该书从最基础的前端自动化相关知识普及，到最新 Cypress 框架分析讲解及应用，再到最后的进阶深入和持续集成，非常完美地诠释了前端自动化测试的奥义，而且这本书讲得非常全面，由浅入深，通俗易懂，是测试从业者不可多得的技术提升和测试辅佐工具书，非常值得推荐。

——高灯科技测试总监　王文杰

8.

互联网的竞争已进入到了下半场，研发的高质量交付和快速提升测试效率是每一位测试者所要面临的机遇与挑战。蔡老师在书中系统全面地阐述了 Cypress 测试框架在前端自动化测试和服务端自动化测试中的案例及其应用实战，值得每一位测试（开发）工程师深入学习。

——《Python 自动化测试实战》作者　无涯

9.

近些年业内大力发展和实践 DevOps，持续交付、快速验证已经逐渐成为主流，研发模式正在变革。自动化能力作为持续交付实现的重要一环，快、稳、准是对它的核心诠释。工欲善其事，必先利其器，各环节均涌现出大量的自动化框架，Web 端的自动化框架尤其多。作者深度理解 Web 技术，在深入研究多种主流 Web 自动化框架之后，基于 Cypress 框架进行了自定义开发。这套框架具有分层测试能力，能有效规避 Selenium 等框架应用中的痛点。作者诠释了如何编写有效的自动化测试，实属用心之作。在阅读本书后，我深深感到，作者笔下的 Cypress 已非一套自动化工具，它更像一条纽带贯穿研发过程的始终，紧密贴合 DevOps 和持续交付的要义。本书非常值得一读，也推荐读者在实践中体会这套框架带来的惊喜。

——腾讯科技 PCG 事业群新闻业务测试组长　杨迪

10.

前端自动化除了 Selenium WebDriver 外，是否还有其他更优秀的框架工具？蔡老师的这本书给我们拓宽了思路，值得大家去学习研究。非常期待本书的早日出版！

——中兴通讯测试经理　杨凯球

序 1

最近几年，跟不少公司的创始团队都有过深入的交流，"技术驱动商业腾飞"越来越成为大家的共识。在科技全球化的浪潮下，谁深耕技术，谁就能构建起技术的"护城河"；谁深耕技术，谁就能通过技术赋能，实现业务的单点突破，甚至成就新的商业模式。与此对应地，公司在技术团队上的投入也逐年增多，而工程技术团队面临的挑战，从单纯的技术升级与变革，逐步过渡到团队技术思维的迭代。

在新的思维模式下，技术团队如何更高效、更迅速地支撑公司爆发式增长，如何利用技术赋能公司业务，是每一位技术领导人所面临的挑战。鉴于此，各个企业都在积极探索互联网新技术，同时随着各类开源和商业技术组织的推动，形成了百花齐放的局面。随着各类技术的不断升级，每个企业就会面临一个不可回避的问题——应用质量保障。

同时，伴随着精益管理、敏捷开发和持续交付的深入人心，人人对质量负责已经变成毫无争议的事实。质量保障由质量团队单独负责，变成工程技术团队整体对质量负责。在此背景下，质量保障的手段及工具，也迎来了新的机遇。而测试作为应用质量保障的重要环节，不仅需要有持续优化的方法论，同时也需要不断地进行生产工具和生产力的革新，以适应现代开发技术的发展。

其中自动化测试作为提升质量效能的重要能力支撑，对于其相关技术和工具的掌握及运用就显得尤为重要。

从我认识本书作者蔡老师以来，他就在自动化测试领域深入耕耘，他对软件测试，特别是自动化测试有自己独到的见解，更有编写自动化测试框架的经历。在跟他的交谈中，我一方面能感受到他对自动化测试框架的热忱，也常听到他对于当下测试工具支撑能力不足的抱怨。故在他兴奋地向我描述 Cypress 框架不仅能贯穿三层"测试金字塔"结构且他已践行多时并整理成书时，我欣然受邀，为本书作序。

本书作者高屋建瓴，从整个前端开发的发展历程娓娓道来，从前端测试框架的前世今生讲起，通过对市面上多款主流前端测试框架的对比，引出本书的主角——Cypress。本书不仅是一本实用的技术工具书，还具备一定的行业前瞻性，更结合了作者多年一线的最佳实践经验，是不可多得的测试技术宝典。

俗话说，工欲善其事，必先利其器。本书值得每位自动化测试从业者品读和学习。

——IT 东方会联合发起人
杭州笨马网络技术有限公司（PerfMa）副总裁　王斌

序 2

现代企业对于产品质量的要求越来越高，同时，也有越来越多的公司取消了 QA/QE 的职位，取而代之的是更多的测试架构师的职位，让测试人员专注于测试框架的开发以及测试策略的构建，而让开发人员从头到尾负责产品的质量。因此，以前写测试用例的测试职位会越来越少，对于之后的测试人员的要求会越来越偏向测试架构和整体流程，而一个测试工程师如何编写一个可以让开发工程师更容易使用的测试架构将成为重点。

本书是蔡老师在企业经历了数个真实项目，打磨了多个自动化框架后的技术输出。本书结合了真实案例，带读者从 JS 基础入手，学习 Cypress，随后一步步构建一个以 Cypress 为基础的前端测试框架，以结合 CI 的持续集成实践部分结束。内容由浅入深，带领读者贯穿整个测试框架构建流程，帮助读者从零开始构建一个符合现代化项目质量的测试工具。整个框架完全依托于使用 JS 开发，也可以帮助前端开发工程师更好、更快地上手这个前端测试框架并编写测试用例。无论你是一个初入职场的测试新人，还是一个久经考验的测试老将，都能从中收获良多。

最后，祝贺蔡老师新书发布，也希望本书能够帮助到更多的开发者。

——eBay 中国资深架构师　严正刚

前言

近年来，在互联网行业飞速发展的背景下，频繁交付、快速迭代逐渐成为软件开发、交付的首要目标。所以，敏捷的、能提高组织运行效率并能减少浪费的各种理论和方法越来越受欢迎。DevOps 和敏捷开发作为其中的佼佼者，已经被广泛应用在各种项目实践中。在 DevOps 和敏捷开发实践中，自动化测试在整个测试活动中所占的比重也越来越大，但是用于自动化测试的工具却长期没有大的突破。

说起前端自动化测试，大家一定会想到 Selenium/WebDriver。诚然，Selenium/WebDriver 作为前端 UI 自动化测试的王者，曾经承担起了绝大多数的前端 UI 自动化测试工作。但是前端自动化测试，真的只能包含 UI 自动化吗？

时至今日，前端 Web 开发技术，早已经从简单的静态页面阶段，发展到现代 Web 应用程序阶段。特别是随着 Node.js（Node.js 可以看作是可以运行 JavaScript 的服务器环境）的出现，使得前端应用越来越复杂，譬如前端也可以用作服务端来操作数据库、提供 API 等。Selenium/WebDriver 在用作此类应用程序进行自动化测试时，越来越显得笨拙，难以满足用户期望。

Cypress 作为新一代的自动化测试框架，与 Selenium/WebDriver 相比，拥有无与伦比的优势：

- Cypress 运行在浏览器之内，而 Selenium/WebDriver 运行在浏览器之外。
- Cypress 不基于 JSON Wire 协议，比 Selenium/WebDriver 运行更快。
- Cypress 不仅能做 UI 自动化测试，而且可以做接口测试，集成测试。

与只能用在 UI 自动化测试的 Selenium/WebDriver 相比，Cypress 能够覆盖"测试金字塔"的方方面面，而且在元素定位、自动等待、Mock 服务器返回方面都展现出了超强的能力。除此之外，Cypress 允许测试者直接通过接口请求的方式，即刻满足测试场景所需的配置，而无须烦琐的测试准备。

"测试你的代码，而不是你的耐心"。Cypress 作为下一代前端自动化测试框架的翘楚，在 NASA（美国国家航空航天局），Amazon Web Services（AWS，亚马逊云）等公司成功部署并商用，而且在 UI 自动化测试、接口自动化测试以及端到端（End to End）自动化测试中均有不俗的表现。

目前图书市场上，还没有一本专门介绍 End to End 前端测试框架 Cypress 的书，作为 Cypress 框架的受益者，我期望广大测试人员在项目实践中尽早使用 Cypress，以提升测试效率，减少不必要的时间浪费。

最后，我希望本书可以促进国内互联网测试从业者对前端测试框架的探讨和交流，并期待国内自主可控的优秀前端测试框架诞生。

从本书中可以收获什么

本书是一本介绍软件自动化测试框架搭建、使用及定制的技术书籍，更是一本指导测试工程师如何做端到端自动化测试（包括 UI 自动化测试和接口自动化测试）的技术类书籍。

基于测试框架 Cypress，本书由浅入深地介绍了自动化测试的方方面面。内容包括测试用例动态生成，动态挑选，动态执行；数据驱动；PageObject 设计模式；挡板（Mock Server）；持续集成（CI/CD）及测试报告等多个知识点，并附有详细实例。

学习完本书，你不仅能搭建一套覆盖 UI 自动化、接口自动化测试的测试框架，也能将此框架与你的 DevOps 流程集成在一起，实现测试效率的提升。

本书面向的读者

本书适合以下读者阅读：
- 对自动化测试（不仅仅是 UI 自动化）有实际需求的软件测试人员。
- 希望能搭建起企业级、项目级测试框架的软件测试人员。
- 想转向自动化测试的测试人员。
- 对前端自动化测试新技术感兴趣，想进一步了解的人员。

本书可用于相关管理人员的自动化测试框架选型参考，也可当作初入测试行业的第一本测试框架实践指南。

本书内容结构

本书分为五大部分，14 章，各部分的主要内容如下：

第一部分：前端自动化测试框架准备篇

本部分详细介绍了自动化测试的概念、组成及自动化框架的设计原则。

通过阅读本部分，读者会对目前软件测试的现状有充分了解，并能说出一个优秀的自动化测试框架应该包括哪些组成部分以及如何设计一个测试框架。

第二部分：前端自动化测试工具篇

本部分介绍了当前流行的前端测试框架，并进行了逐个比较。着重从架构、原理、解决的痛点等多方面比较了 Selenium/WebDriver 和 Cypress 的异同，借助这些比较，读者可以清晰了解到 Cypress 的优势。

通过阅读本部分，读者还可以了解到多个前端测试框架的各自优缺点和适用范围。

第三部分：前端自动化测试框架基础篇——Cypress 基础知识

本部分从如何搭建 Cypress 测试环境讲起，首先介绍了如何编写你的第一个测试脚本，Cypress 测试框架拆解；然后介绍了如何识别元素，如何通过命令行运行 Cypress 及运行完后的查看测试运行器；最后介绍了 Cypress 下特有的测试习惯。

通过阅读本部分，读者能够上手 Cypress 并搭建出自己的 Cypress 测试框架。

第四部分：前端自动化测试框架进阶篇——Cypress 进阶

本部分主要介绍了 Cypress 的进阶知识点，Cypress 最佳实践，接口测试及如何搭建自己的 Mock Server。

通过阅读本部分，读者将能更自如地使用 Cypress 并能使用 Cypress 完成大多数自动化测试工作。

第五部分：前端自动化测试框架高级篇——持续集成实践

本部分主要介绍了如何使用 Cypress 进行并发（并行）测试，并着重介绍了 Cypress 如何与持续集成结合。每一位立志成为优秀测试架构师的同学都应该仔细阅读本部分内容。

通过阅读本部分，读者将对 Cypress 产生更大的认同，也会更加理解为什么 Cypress 能够天然适应"大中台，小前台"的战略并为企业赋能。

勘误与支持

限于个人水平，书中难免有不妥或不足之处，恳请各位读者海涵，并欢迎各位批评指正。

读者朋友可通过微信公众号"iTesting"直接留言或联系作者，也可以发邮件至 testertalk@outlook.com。

致谢

感谢为我写推荐序、推荐语的朋友们，能够获得你们的认可和鼓励是我的荣耀。

感谢关注我公众号的朋友们和经常听我唠叨的各位测试行业的同行们，是你们的热情鼓励使得本书能够尽早与读者朋友见面。

感谢电子工业出版社的张瑞喜老师及为本书做校对审核工作的人们，你们表现出来的专业精神让我非常敬佩。

感谢我亲爱的家人们，是你们的默默支持和鼓励支撑着我更加努力。

感谢我的儿子享享，与你相伴玩耍，陪你成长，带给了我难以置信的幸福和快乐。

更要感谢我的妻子明莉，是你的爱和全力支持让我得以有足够长的时间思考与写作。

蔡超

2020 年 1 月

配套视频课程简介

为使广大读者朋友们更容易理解和消化书中的内容，作者特意制作了本书配套视频课程。本套视频主要特点如下：
- 视频和书籍章节对应，方便读者朋友们学习。
- 针对部分重点内容，进行代码演示，一目了然。
- 视频内容和书中内容相互补充，理解更轻松。

本套视频覆盖了 Cypress 的基础知识，部分 Cypress 进阶知识，以及少量高级实践内容。本套视频共 12 节，分为 0-9 单元，共计 180 分钟。视频对应的标题如下：

0-Cypress 引领前端测试新生态
1-自动化测试的现状及痛点
1-自动化测试框架的组成及其设计原则
2-前端测试框架大比拼及 Cypress 原理
3-编写你的第一个 Cypress 测试用例
4-Cypress 测试框架拆解及配置
5-Cypress 测试用例的组织与挑选运行
6-Cypress 定位，查找，交互，断言及 TestRunner
7-深入测试用例编写及 Cypress 两种运行模式
8-Cypress 设计模式之 PageObject 和 Custom Commands
8-Cypress 整合 UI 自动化测试和 API 自动化测试
9-Cypress 掉"坑"及爬"坑"指南

视频内容可帮助读者朋友们快速熟悉章节所讲的内容，读者朋友们可结合书中内容，实例及代码，自己搭建环境上手练习，加深对 Cypress 的各个章节知识的理解。

目 录

第一部分 前端自动化测试框架准备篇

第1章 前端自动化测试概述 ·· 2

1.1 前端自动化测试概述 ·· 2
1.2 前端自动化测试框架概述 ···································· 5
  1.2.1 应运而生的前端测试框架 ······························ 5
  1.2.2 前端自动化测试框架组成 ······························ 6
  1.2.3 前端自动化测试框架设计原则 ·························· 8
1.3 前端代码基础 ·· 9

第二部分 前端自动化测试工具篇

第2章 前端测试框架/工具大比拼 ·································· 14

2.1 前端测试框架/工具简介 ···································· 14
  2.1.1 Selenium/WebDriver ································· 14
  2.1.2 Karma ·· 15
  2.1.3 Nightwatch ·· 17

- 2.1.4 Protractor ·············· 17
  - 2.1.5 TestCafe ·············· 18
  - 2.1.6 Puppeteer ·············· 19
- 2.2 Cypress 框架介绍 ·············· 20
  - 2.2.1 Cypress 简介 ·············· 20
  - 2.2.2 Cypress 架构及原理 ·············· 20
  - 2.2.3 Cypress 八大特性 ·············· 22
  - 2.2.4 一图胜千言 ·············· 23
- 2.3 Cypress 与 Selenium/WebDriver 的比较 ·············· 23
  - 2.3.1 Selenium/WebDriver 的原理 ·············· 23
  - 2.3.2 Cypress 与 Selenium/WebDriver 比较 ·············· 26
- 2.4 Cypress 与其他主流测试工具比较 ·············· 29
  - 2.4.1 Cypress 与 Karma 比较 ·············· 29
  - 2.4.2 Cypress 与 Nightwatch 比较 ·············· 30
  - 2.4.3 Cypress 与 Protractor 比较 ·············· 31
  - 2.4.4 Cypress 与 TestCafe 比较 ·············· 32
  - 2.4.5 Cypress 与 Puppeteer 比较 ·············· 33
- 2.5 Cypress 的局限 ·············· 34
  - 2.5.1 长期权衡 ·············· 34
  - 2.5.2 短期折中 ·············· 34

第三部分 前端自动化测试框架基础篇 ——Cypress 基础知识

第 3 章 Cypress 初体验 ·············· 36

- 3.1 Cypress 安装 ·············· 36

3.1.1 系统要求 ………………………………………………………… 36
3.1.2 下载 ……………………………………………………………… 36
3.1.3 安装 ……………………………………………………………… 37
3.1.4 打开 Cypress …………………………………………………… 39
3.1.5 Cypress 设置 …………………………………………………… 40
3.2 搭建测试应用 …………………………………………………………… 41
3.2.1 下载测试应用 …………………………………………………… 41
3.2.2 启动测试应用 …………………………………………………… 42
3.3 测试你的应用 …………………………………………………………… 44
3.3.1 创建测试 ………………………………………………………… 44
3.3.2 编写测试用例 …………………………………………………… 44
3.3.3 运行测试 ………………………………………………………… 46
3.3.4 调试测试用例 …………………………………………………… 47

第 4 章 Cypress 测试框架拆解 ……………………………………………… 53

4.1 Cypress 默认文件结构 ………………………………………………… 53
4.1.1 测试夹具（Fixture）…………………………………………… 54
4.1.2 测试文件（Test file）………………………………………… 54
4.1.3 插件文件（Plugin file）……………………………………… 55
4.1.4 支持文件（Support file）…………………………………… 55
4.2 自定义 Cypress ………………………………………………………… 56
4.3 重试机制 ………………………………………………………………… 59
4.3.1 命令和断言 ……………………………………………………… 59
4.3.2 多重断言 ………………………………………………………… 61
4.3.3 重试（Retry-ability）的条件 ………………………………… 61
4.4 测试报告 ………………………………………………………………… 62
4.4.1 内置的测试报告 ………………………………………………… 62

4.4.2 自定义的测试报告 ………………………………………… 66

4.4.3 生成混合测试报告 ………………………………………… 69

第 5 章 测试用例的组织和编写 ……………………………………… 72

5.1 Mocha 介绍 ………………………………………………… 72

5.2 钩子函数（Hook） …………………………………………… 74

5.3 排除或包含测试用例 ………………………………………… 82

5.3.1 排除测试套件/测试用例 …………………………………… 83

5.3.2 包含测试套件/测试用例 …………………………………… 86

5.4 动态忽略测试用例 …………………………………………… 89

5.5 动态生成测试用例 …………………………………………… 91

5.6 断言 ………………………………………………………… 93

5.7 观察测试运行 ………………………………………………… 94

第 6 章 Cypress 与元素交互 ………………………………………… 97

6.1 Cypress 元素定位选择器 ……………………………………… 97

6.2 Cypress 与页面元素交互 ……………………………………… 99

6.2.1 查找页面元素的基本方法 ………………………………… 99

6.2.2 查找页面元素的辅助方法 ………………………………… 100

6.2.3 可操作类型 ………………………………………………… 105

6.2.4 Cypress 常见操作 ………………………………………… 109

第 7 章 命令行运行 Cypress ………………………………………… 117

7.1 cypress open ………………………………………………… 117

7.1.1 cypress open 简介 ………………………………………… 117

7.1.2 cypress open 详解 ………………………………………… 118

7.2 cypress run ·· 119

    7.2.1　cypress run 简介 ·· 119

    7.2.2　cypress run 详解 ·· 119

第 8 章　测试运行器 ·· 123

8.1　Test Runner 简介 ··· 123

8.2　Test Runner 如何便捷我们的测试 ··· 125

    8.2.1　更改浏览器 ··· 125

    8.2.2　更改元素定位策略 ·· 125

    8.2.3　实时监控测试用例执行情况 ·· 126

    8.2.4　时间穿梭功能 ··· 126

8.3　Test Runner 功能扩展 ··· 127

    8.3.1　安装 ··· 127

    8.3.2　配置 ··· 127

    8.3.3　使用 ··· 128

第 9 章　重塑你的"测试习惯" ·· 129

9.1　Cypress 典型的"坑" ··· 129

    9.1.1　Cypress 命令是异步的 ··· 129

    9.1.2　慎用箭头函数 ··· 130

    9.1.3　async/await 不工作 ·· 130

    9.1.4　赋值"永远"失败 ·· 131

    9.1.5　躲不过的同源策略 ·· 131

9.2　Cypress 独特之处 ··· 132

    9.2.1　闭包（Closure）·· 132

    9.2.2　变量和别名 ··· 133

第四部分 前端自动化测试框架进阶篇 ——Cypress 进阶

第 10 章 Cypress 最佳实践 ··· 138

- 10.1 设置全局 URL ··· 138
- 10.2 避免访问多个站点 ··· 139
- 10.3 删除等待代码 ··· 139
- 10.4 停用条件测试 ··· 140
- 10.5 实时调试和中断 ··· 140
- 10.6 运行时的截图和录屏 ··· 141
- 10.7 断言最佳实践 ··· 143
- 10.8 改造 PageObject 模式 ··· 146
- 10.9 使用 Custom Commands ··· 153
- 10.10 数据驱动策略 ··· 155
  - 10.10.1 数据保存在前置条件里 ··· 155
  - 10.10.2 使用 fixtures ··· 156
  - 10.10.3 数据保存在自定义文件中 ··· 156
- 10.11 环境变量设置指南 ··· 157
  - 10.11.1 cypress.json 设置 ··· 157
  - 10.11.2 cypress.env.json ··· 157
  - 10.11.3 运行时动态指定环境变量 ··· 158
- 10.12 测试运行最佳实践 ··· 159
  - 10.12.1 动态生成测试用例 ··· 159
  - 10.12.2 挑选待运行测试用例 ··· 159
- 10.13 测试运行失败自动重试 ··· 162

10.14　全面的测试报告 162
10.15　Cypress 连接 DB 163

第 11 章　使用 Cypress 做接口测试 165

11.1　发起接口请求 165
　　11.1.1　发起 HTTP 请求的方式 165
　　11.1.2　发起 GET 请求 166
　　11.1.3　发起 POST 请求 167
11.2　实例演示 170

第 12 章　Mock Server 172

12.1　自定义 Mock Server 172
　　12.1.1　搭建 Mock Server 172
　　12.1.2　使用 Mock Server 进行测试 173
12.2　Cypress 自带 Mock 182
　　12.2.1　截获接口返回值 184
　　12.2.2　更改接口返回值 185

第 13 章　模块 API 187

13.1　cypress.run( ) 187
13.2　cypress.open( ) 188
13.3　Module API 实践 188
　　13.3.1　挑选测试用例运行 188
　　13.3.2　Module API 完整项目实践 191

第五部分 前端自动化测试框架高级篇
——持续集成实践

第 14 章 Cypress 持续集成实践 ·············· 202

- 14.1 持续集成简介 ·············· 202
- 14.2 Cypress 并行执行测试 ·············· 203
- 14.3 Circle CI 持续集成实践 ·············· 204
  - 14.3.1 Circle CI 集成 Github ·············· 204
  - 14.3.2 Circle CI 集成 Cypress ·············· 212
- 14.4 Jenkins 持续集成实践 ·············· 220

附录 A 参考资料 ·············· 229

- A.1 源代码下载 ·············· 229
- A.2 参考资料 ·············· 229
- A.3 联系作者 ·············· 229

第一部分

前端自动化测试框架
准 备 篇

第 1 章

前端自动化测试概述

1.1 前端自动化测试概述

随着软件技术的不断发展,软件的质量问题越来越受到企业的重视,对于一些应用(比如微信、支付宝等)来说,软件的质量缺陷会给人们的生活带来很大的影响。在这种趋势下,利用有限的人工覆盖"无限"的测试场景,成为软件质量保障工作者的极致追求。

时至今日,测试活动也由最开始的人工操作"点点点"逐渐演化为单元测试(Unit Test)、API 测试/集成测试、UI 测试组成的多层次测试活动,这也就是测试金字塔模型(Test Pyramid),如图 1-1 所示。

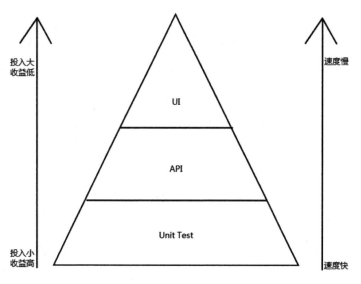

图 1-1 测试金字塔模型

在测试金字塔模型中，单元测试主要针对测试模块单元（一般指方法，类）的测试，具备投入小、收益产出高的特征，可以较早期地发现代码缺陷。

API 测试/集成测试主要包括模块接口测试，子功能模块集成起来的功能模块测试等，目的是为了验证在单元测试的基础上，所有模块集成起来的子系统、子功能是否仍然满足质量指标。

UI 测试的主要目的是，从软件使用者角度来检验软件的质量，而 UI 自动化测试则是以自动化的方式来代替人工执行测试。在测试金字塔模型中，UI 层测试是各种测试中投入最大、收益最低、运行最慢的一种。

在传统的观念中，大家常常把 UI 自动化测试等同于前端自动化测试。但是 UI 自动化测试是不是等同于前端自动化测试呢？在回答"是"或者"不是"之前，我们有必要了解下前端开发技术的发展史。

前端（Front End），是相对于后端（Back End/Server 端）来说的，即应用程序的前台部分，也就是通常意义上的用户可见部分。根据应用程序的不同，前端也分为浏览器页面（包括 H5），手机客户端，或者 C/S（Client/Server）程序，嵌入式程序的用户操作界面。

前端 Web 开发技术，一般指代针对浏览器开发的技术。前端 Web 开发的历史，就是前端技术的进化史，从 HTML（Hyper Text Markup Language）即超文本标记语言诞生至现在，前端 Web 开发技术经历了如下阶段：

- 静态页面阶段

较为早期的应用程序开发，Web 开发不是作为一个职业存在的，它仅仅是后端开发的一部分，后端开发在开发应用程序时，会建立很多用于展示的静态模板文件，浏览器将要请求的数据发送给后端，后端收到浏览器请求后，把相应的数据经过处理填入这些静态模板里，经过 CSS 的渲染，展现给用户。

这个阶段，Web 页面完全是静态的，同样的页面链接，任何时候访问，内容是完全一样无法改变的，任何的页面改动，都需要利用模板文件重新生成，十分不方便，这也是最初的互联网雏形。

- 动态页面阶段

随着 JavaScript 的应用，Web 动态页面应运而生，JavaScript 可以用来为网页添加各种各样的动态功能，比如嵌入动态文本，对浏览器事件做出响应，在数据被提交到服务器前对其进行验证等。

Web 页面从此奠定了 HTML + CSS + JavaScript 的基础，使得访问相同的 URL 可以得到不同的内容，Web 开发技术进入了动态页面阶段。

MVC（Model View Controller）模式开始流行。MVC 是模型（Model）、视图（View）和控制器（Controller）的缩写，它使业务逻辑、数据、界面显示分离。这时 Web 开发属于 View 层。

但此阶段服务器在处理客户端的请求时，用户只能等待，HTML 页面必须整体返回，无法做到只更新一部分数据，用户只能把大量时间浪费在等待页面加载上。

- 响应式页面阶段

Ajax（Asynchronous JavaScript and XML）的出现改变了上述情况，作为一种能够创建交互式网页应用的网页开发技术，它使用户操作与服务器响应异步化。特别是随着 Gmail 这个里程碑式产品的使用，Web 开发全面进入了"响应式页面"时代，也催生了前端开发这个岗位。

前端开发不再仅仅是开发后端所需要的页面模板，前端可以独立得到后端的各种数据，从此前端也变得越来越复杂。

- 现代 Web 应用程序阶段

前端能够通过 Ajax 获取到数据，那么也就有了对数据处理的需求和能力。前端代码必须保存获取到的这些数据，并在处理后展示给用户。这样前端客观上也可以作为一个迷你版的后端，于是，各种前端 MVC、MVVM（用 View-Model 来代替后端的 Controller）框架大行其道。

而 SPA（Single Page Application）的出现，则让前端有了应用程序的雏形。SPA 能够加载单个 HTML 页面并在用户与应用程序交互时动态更新该页面。在 SPA 之后，前端开发变成了前端应用开发。

随后，前端技术出现"井喷"，Angular、Vue、Node.js 的出现彻底改变了前端技术。特别是 Node.js（Node.js 是一个支持 JavaScript 运行在服务器端的开发平台）的出现，使得前端开发也可以编写后端程序，JavaScript 事实上也成为服务器端开发语言。

了解了前端技术发展史，前端自动化测试的定义也就清楚了：

前端自动化测试是针对前端代码的测试（目前最流行的前端语言是 JavaScript）。

因为 JavaScript 事实上已经不再只限于前端的开发，也可以胜任后端的开发，再加上 Node.js 的出现让更多的项目中出现了由前端开发者负责的 BFF（Backend For Frontend，服务于前端的后端）层，因此前端的自动化测试就自然而然地扩展了。前端自动化测试不仅包括 UI 自动化测试，还可以包括 API，集成测试和单元测试。也就是说，前端自动化的可覆盖范围，应包括测试金字塔的每一层。

1.2 前端自动化测试框架概述

前端开发技术从简单的静态页面发展到了现在的应用程序阶段，经历了如此巨变，但是前端自动化测试呢？

1.2.1 应运而生的前端测试框架

自从 2004 年 Selenium 诞生之日起，Selenium 就展现出极强的生命力，随着 WebDriver 的横空出世，Selenium/WebDriver 逐渐成为前端自动化测试的不二之选，但此后 Selenium/WebDriver 的演进速度却越来越跟不上前端技术的发展，特别是前端页面开发演化成了前端应用程序开发后，前端实际上具备了后端（服务器端）的一切能力（Node.js 作为前端 Server，也可以提供接口接收客户端的请求并处理），但是 Selenium/WebDriver 本身却仍只能单纯地用在 UI 测试层面（除非加入第三方库）。

前端具备了后端的雏形，能够保存、处理后端传递过来的数据。但前端测试框架并没有与时俱进，于是我们常常遇见这样的问题：一个接口测试请求失败了，我们不知道是前端的问题还是后端的问题，测试人员需要花费大量时间排查，然后告知相应的前端或者后端开发者，客观上增加了测试人员的工作量。

这就给我们的测试工作带来了较大的挑战，众所周知，互联网的竞争已进入下半场。在互联网红利消失后，如何提高组织效率增强自身竞争力将是各大互联网公司的首要目标。特别是由于国内互联网"以业务为先"的特点，超额的工作任务，越压缩越短的工作周期将长期存在，在这样的大环境下，各个互联网公司必然对能够提升效率的工具趋之若鹜。特别是随着国内 BAT 等巨头的"大中台，小前台"战略的实施和对外宣传，客观上也需要一个容易上手、功能完备、满足当前技术发展的一个前端测试框架。

随着上述问题越来越多，Selenium/WebDriver 越来越不能满足整个测试行业对于前端自动化框架的需求。于是有追求的优秀企业及个人，依托于现代 Web 技术的发展，开始寻找或者创建更能适应当前前端开发趋势的前端测试框架。

越来越多的前端测试框架如雨后春笋般涌现，我们迎来了一批优秀的前端测试框架或工具。

例如 Karma，Nightwatch，Protractor，TestCafe，Cypress 和 Puppeteer。在这些测试工具中，有的仍然依托于 Selenium/WebDriver 的底层协议，有的则完全自成体系，它们或极大地扩展了原有 Selenium/WebDriver 的功能，或填补了 Selenium/ WebDriver 由于架构设计而无法弥补的空白。无论是哪种情况，Selenium/WebDriver 的前端自动化测试的统治地位受到挑战已经是不争的事实，前端测试框架由此进入"群雄割据"的时代。

其中的佼佼者如 Cypress，它的底层实现完全不依托于 Selenium/WebDriver 的 WebDriver Protocol，使得 Cypress 的运行速度比 Selenium/WebDriver 快。另外，由于 Cypress 和被测试应用程序运行在同一个浏览器界面，使得 Cypress 可以测试测试金字塔的任意一层（是的，你没有看错，包括 UI 集成测试，API 接口测试和单元测试）。这些特性加上 Cypress 是一个不需要任何第三方扩展，就具备一个优秀的测试框架的全部特性的事实，使得 Cypress 在一众前端测试框架中脱颖而出。

1.2.2 前端自动化测试框架组成

测试人员在工作中常常要与测试框架打交道，但什么是测试框架呢？不同的人对此有不同的见解。

在我看来，测试框架是由一个或多个自动化测试基础模块、自动化测试管理模块、自动化测试统计模块等组成的工具集合。这些模块集合组合到一块，应具备以下特性：

- 测试框架与被测应用程序独立，即一套框架可以服务多种程序的自动化。
- 测试框架应被高度模块化，易于扩展、维护；各个模块之间应解耦。
- 测试脚本所使用的测试语言应该是与框架独立的。不同的测试框架可能在不同的应用领域有不同的表现，有些适用于 Web 应用程序的测试，有些可能适用于移动端的测试。那么当需要从一个测试框架迁移到另一个测试框架时，好的测试框架应该保证所有的测试脚本只需少量更改甚至完全不需要更改。
- 测试框架应该简单易用。

一个优秀的前端自动化测试框架，应该有以下组成部分：

- 底层核心驱动库

核心驱动库，一般指用于操作被测试应用程序的第三方库，在 Web 端，比较著名的有 Selenium/WebDriver，以及本书着重介绍的 Cypress。

- 可重用的组件

可重用的组件一般用来降低开发成本，常见的有时间处理模块、登录模块等。

- 对象库

对象库就是存储被测试对象的仓库。在实际应用中，常常将页面进行分组，把一个页面上的所有对象放到一个类里，也就是 Page Object 模式。

- 配置文件

配置文件包括两个部分，一个是测试环境的配置，另一个是应用程序的配置。

一个功能从开发代码完成到上线，往往要经过几个测试环境的测试，测试环境的配置能够减少环境切换成本。

而应用程序的配置主要包括被测试程序的一些配置。利用配置文件，可以做到在不更改代码的情况下覆盖相同程序的不同程序配置。

- 工具

从代码组织上来说，工具是能完成特定功能的独立程序或代码片段。例如，有根据用户 ID 查询所有历史订单的工具，也有给出页面文本，在下拉框里选择特定选项的工具。

- 方便易用的测试数据

数据在测试中的重要性不言而喻。测试数据的构造，甚至是专门的课题。

数据创建一般分为实时创建和事先创建。实时创建是在测试代码运行时才生成的测试数据；而事先创建是指测试代码运行前就准备好数据文件。

无论哪种方式，数据创建的具体实现不外乎以下三种方式：

➢ 人工构造数据。

➢ 通过调用前端 GUI 或者后端 API 构造数据。

➢ 直接向 DB 里插入所需数据。

测试框架需要灵活地支持多种数据创建方式。

- 测试用例的组织和运行

测试用例在测试框架中的体现是测试脚本，测试脚本应该做到业务操作粒度合适，断言明确充分，前后脚本解耦。

测试框架应该支持：

➢ 测试用例顺序或者并发执行。

- 测试用例分组运行。
- 动态挑选测试用例执行。
- 根据测试数据自动生成测试用例。
- 错误恢复机制

由于测试环境、测试程序、测试代码存在各种不确定因素，测试框架应该具备一定的错误恢复机制。

在测试用例执行中，引起错误的类型一般分为代码/运行导致的错误和环境/依赖导致的错误。测试框架应该能够识别这两种错误并且给出不同的处理。

出现错误后，错误处理措施一般分为停止运行和错误恢复这两种，错误恢复的步骤通常是标记当前用例为"失败"，清理失败数据，恢复测试环境，然后运行下一条测试。错误恢复的时机可以为事先恢复（在当前用例运行前，把环境和数据等恢复为初始状态）和事后恢复（当前用例执行完成后把环境和数据恢复为初始状态）两种。

- 全面的测试报告

测试框架必然包括测试报告。测试报告应该全面，包括测试用例条数统计、测试用例成功/失败百分比、测试用例总执行时间等总体信息。

对于单条测试用例，还应该包括测试用例 ID，测试用例运行结果、测试用例运行时间、测试用例所属模块、测试失败时刻系统截图、测试的日志等信息。

根据使用的目的不同，测试报告还应包括不同格式，例如用于展示的 HTML 格式，用于跟 CI 集成的 XML 格式等。

- 友好的持续集成支持

测试框架应该能够和 CI 系统低成本集成，包括通过 CI 参数指定运行环境、生成测试报告等。

- 完善的日志文件

测试框架应该包括完善的日志文件，方便出错时排查和定位。

1.2.3　前端自动化测试框架设计原则

设计测试框架时应遵循如下原则：

- 代码和数据分离
- 剥离可共用的库
- 可移植性，可维护性

- 高扩展性，高稳定性
- 版本控制

1.3 前端代码基础

现在的前端测试框架大多数是基于 JavaScript（JS）编写的，本节介绍一下基本的前端代码基础。

JavaScript 是一种轻量级、解释型、即时编译的编程语言。下面通过一段简单的代码来讲解下 JavaScript 基础：

```javascript
//author:iTesting
function testScript(personList){
    var followNum =personList.length;
    console.log(followNum);
    while(followNum>0){
        const name = personList[followNum-1].name;
        let gender;
        if(personList[followNum-1].gender==='Male'){
            gender = '小哥哥';
        }
        else{
            gender = '小姐姐';
        }
        const welcomeWords = name + gender + ', 欢迎关注 iTesting';
        console.log(welcomeWords)
        followNum--;
    }
}
var people =
[{"name":"kevin","gender":"male"},{"name":"emily","gender":"female"}]
testScript(people)
```

这段代码非常简单，针对给定的人员列表，根据性别输出不同的欢迎词。它包括了 JavaScript 常用到的概念，为了让没接触过 JavaScript 的开发者们更容易理解，下面用通俗的语言解释一下：

- 变量

var，var 声明变量的作用域限制在其声明位置的上下文中。var 可用于函数外，亦可用于函数内。在函数外声明的变量就是全局变量，反之，在函数内声明的变量就是局部变量。在上面的代码里，people 就是全局变量，followNum 就是局部变量（只在 testScript 这个函数里有效）。

let，let 声明的变量只在其声明的块或子块中可用。比如上例中的 gender，它在 while 循环外部不能使用。

const，const 常量必须在声明的同时指定它的值，且其值不可变更。

- 函数

JavaScript 的函数定义，要在函数名前加关键字"function"。在上例中，"testScript"就是我们定义的函数名。

- 程序控制流

if....else, while( )包括 for 循环，都是 JavaScript 定义的关键字，用来控制程序的运行。

- 操作符

-，自减运算符。相应的还有+，=等，都属于操作符。

在上例中，followNum 是我们定义的一个局部变量，followNum-用来把 followNum 的数量减 1。

以上是 JavaScript 的基础语法，为了学习 Cypress，你还需要掌握如下概念：

- 异步（Async）

JavaScript 是单线程执行式语言，这就意味着任何一个函数都要从头到尾执行完毕之后，才会执行另一个函数。假设有一段代码需要接收用户的输入执行，那么在用户输入这段时间，JavaScript 就会阻塞自己接受新的任务，这完全不能接受。于是 JavaScript 把任务分成了两种，一种是同步任务（synchronous），另一种是异步任务（asynchronous）。同步任务指的是，在主线程上排队执行的任务，只有前一个任务执行完毕，才能执行后一个任务；异步任务指的是，不进入主线程而进入"任务队列"的任务，只有"任务队列"通知主线程，某个异步任务可以执行了，该任务才会进入主线程执行，这就是 JavaScript 的异步机制。

JavaScript 异步机制的原理如下：

➢ 作为单线程语言，在 JavaScript 里定义的所有同步任务都在主线程上执行，形成一个执行栈。

➢ 主线程之外，还存在一个任务队列。只要异步任务有了运行结果，就在任务队列之中放置一个事件。

➢ 一旦执行栈中的所有同步任务执行完毕，系统就会读取任务队列，看看里面有哪些事件。那些对应的异步任务于是结束等待状态，进入执行栈，开始执行。
- ➢ 主线程不断重复上面的第三步。
- 闭包（Closure）

什么是闭包？闭包就是能够读取其他函数内部变量的函数。这个定义比较抽象，我们来看一段具体的代码：

```
//author:iTesting
function outer( ){
    var name = 'iTesting';
    function inner( ){
        console.log(name)
    }
    return inner
}
var closureExample = outer( )
closureExample( )
```

笔者定义了一个外部函数 outer 和一个内部函数 inner。在外部函数 outer 内部，定义了一个局部变量 name，并且在内部函数 inner 里引用了这个变量，最后我设置外部函数 outer 的返回值是内部函数 inner 本身，这就是闭包。

简化一下，可以理解为闭包就是满足以下条件的函数：
- ➢ 在一个函数的内部定义一个内部函数，并且内部函数里包含对外部函数的访问。
- ➢ 外部函数的返回值是内部函数本身。

闭包有什么作用呢？闭包允许你在一个函数的外部访问它的内部变量。

本节重点介绍了学习前端自动化测试所需的基础知识。这些知识将帮助你快速理解 Cypress 及其使用方法。

第二部分

前端自动化测试
工具篇

第 2 章

前端测试框架/工具大比拼

2.1 前端测试框架/工具简介

2.1.1 Selenium/WebDriver

作为最"古老",应用范围最广泛的 UI 自动化测试工具,对 Selenium/WebDriver 大家都不陌生,Selenium/WebDriver 是一系列工具的组合,它分为如下四个部分:

- Selenium1,也就是 Selenium RC。它的工作原理是通过把 Selenium Core 注入浏览器中的方式来控制浏览器,现在 Selenium1 已经基本被 Selenium WebDriver 取代。
- Selenium WebDriver,本书成书时,它的最新版本是 4.0(alpha.4),它运行在浏览器中,通过调用浏览器原生 API 来实现对浏览器的控制。因为调用的是浏览器的原生 API,所以对于同样的元素操作,Selenium 需要针对不同的浏览器提供相应的 WebDriver。
- Selenium IDE,以 Firefox 和 Chrome 插件的形式存在,作为一个集成开发环境,它提供了一个易于使用的界面,使得用户可以通过录制的方式生成自动化测试脚本。
- Selenium-Grid,它通常跟持续集成工具配合使用,允许用户并行运行测试脚本并且允许用户在远程计算机上根据操作系统和浏览器版本执行不同的测试用例。

关于 Selenium WebDriver 的运行原理,将在 2.3 节中具体介绍。

2.1.2 Karma

Karma 不是一个测试框架，它只是基于 Node.js 的一个 JavaScript 测试运行器。Karma 基于 Client/Server 架构，可以用来测试所有主流的浏览器，它允许 Web 开发人员在简单的配置后立刻展开测试。Karma 的一个强大特性是它设置了一个文件监听器，允许代码发生更改时自动重新运行测试脚本。

Karma 架构图如图 2-1 所示。

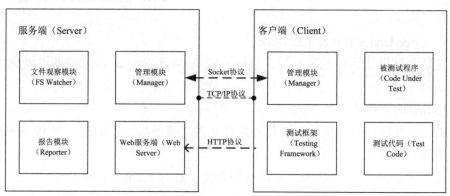

图 2-1 Karma 架构图

服务器端（Server），是系统的主要部分。它保持所有状态（例如，关于捕获的客户端的信息，当前在文件系统上运行的测试或文件）和基于该状态的可进行的操作。它分为如下部分：

- Manager

Manager 负责与客户端的双向通信。例如通过广播启动一次测试，收集来自客户端的测试结果等。

- FS Watcher

FS Watcher 负责观察文件系统（FS）。它维护测试项目的内部模型（所有文件，它们所在的位置以及它们最后修改的时间戳）。

Web Server 会使用此 FS 模型，以便向客户端提供正确的文件。

- Reporter

Reporter 负责将测试结果呈现给开发人员。

- Web Server

Web Server 负责提供客户端所需的所有静态数据。静态数据是客户端管理器的源代码，测试框架的源代码以及测试代码和测试中的实际代码。

客户端（Client），实际执行所有测试的地方，通常是各种浏览器。它分为如下部分：

- Manager

Manager 负责与服务器端的双向通信。它处理来自服务器的所有消息（例如触发测试运行）并将它们传递给其他客户端组件（通常是测试框架）。

- Testing Framework

Testing Framework 不是该项目的一部分。Karma 足够灵活，允许使用任何第三方测试框架。

- Code Under Test & Test Code

这是测试框架运行的所有用户代码。它从 Web Server 获取并通过测试框架执行。

Karma 的工作流程如下：

Karma 在启动后，会加载插件和配置文件，接着启动本地的一个 Web Server 来监听所有的连接[1]。

接着 Karma 启动浏览器，并将初始页面设置为 Karma 服务器的 URL。当有浏览器连接进来时，Karma 会提供一个"client.html"页面给浏览器，此页面在浏览器中运行时，会通过 websocket 连接回 Karma 服务器。

一旦服务器检测到 websocket 连接，就会通过 websocket 协议指示客户端执行测试：客户端页面打开一个 iframe，其中包含来自服务器根据配置信息生成的"context.html"页面，该页面包括测试框架适配器，要测试的代码和测试代码。

当浏览器加载 context 页面时，一个 onload 事件处理程序会通过 PostMessage 连接客户端页面和这个 context 页面。此时测试框架适配器会通过客户端页面来运行测试，报告错误或成功。

发送到客户端页面的消息会通过 websocket 转发到 Karma 服务器。服务器将这些消息重新分派为"浏览器"事件。监听"浏览器"事件的 Test Reporter 通过监听"浏览器"事件获取数据，Test Reporter 可以打印这些数据，将其保存到文件，或将数据转发到另一个服务。由于数据是由测试框架适配器发送给 Test Reporter 的，因此适配器和 Test Reporter 几乎总是成对出现，如 karma-jasmine 和 karma-jasmine-reporter。

---

[1] 注：在此过程中，所有已经连接上 Server 的浏览器会断开并重新连接。插件在加载的时候，一个监听"浏览器"的事件 Test Reporter 将会被注册以用于后续的测试报告。

2.1.3 Nightwatch

Nightwatch.js 是一个用于 Web 应用程序和网站的自动化测试框架，使用 Node.js 编写并使用 W3C WebDriver API（即 Selenium/WebDriver 的底层协议）。

它是一个完整的端到端测试解决方案，旨在简化编写自动化测试和设置持续集成。Nightwatch 还可用于编写 Node.js 单元和集成测试。

Nightwatch.js 的运行原理如图 2-2 所示。

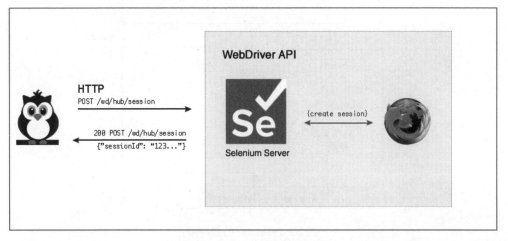

图 2-2 Nightwatch 运行原理图

Nightwatch 使用 WebDriver API 执行与浏览器自动化相关的任务，例如打开窗口或单击链接。Nightwatch 通过 CSS 选择器或 Xpath 表达式来定位元素。

Nightwatch 的运行依赖于 Selenium Standalone Server 连接 [①] 和 WebDriver Service（浏览器驱动）。

2.1.4 Protractor

Protractor 基于 Angular 和 AngularJS 应用程序的端到端测试框架。它构建于 WebDriverJS 之上 [②]。Protractor 扩展了所有 WebDriverJS 功能，这些功能有助于自动化所有最终用户针对各种 Web 浏览器的操作。

---

① 从 Nightwatch 1.0 开始，Selenium Standalone Server 不再是必备，除非你需要针对 IE 进行测试，或者你需要使用 Selenium Grid。

② WebDriverJS 是 W3C WebDriver API 的官方实现。

此外，Protractor 还有一组额外的功能，比如自动等待元素加载和针对 Angular 的特殊定位器。

Protractor 的架构图如图 2-3 所示。

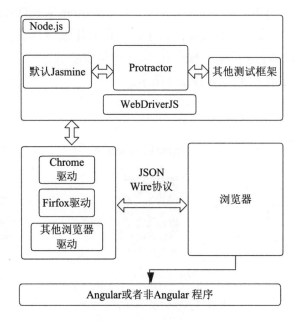

图 2-3 Protractor 的架构图

Protractor 默认使用 Jasmine 单元测框架作为测试框架，所以用户可以像写 Jasmine 测试用例那样编写自己的测试用例。Protractor 同时允许用户按喜好更改单元测试框架。由于底层架构使用 W3C WebDriver 协议，所有发往浏览器的测试命令均通过网络传输，速度较 Cypress 慢。

2.1.5 TestCafe

TestCafe 是一个用于测试 Web 端应用程序的纯 Node.js 端到端解决方案。它支持使用 TypeScript 或 JavaScript（包括支持新特性 async/await）来编写测试脚本。

TestCafe 不使用 Selenium/WebDriver，它使用 URL Rewriting Proxy 代理。此代理将模拟用户操作的驱动程序脚本注入测试页面。由此，TestCafe 可以完成测试所需的一切：它可以模拟用户操作，身份验证，运行自己的脚本等。整个过程就像是一个真正的用户与被测试页面进行交互。

TestCafe 的架构图如图 2-4 所示。

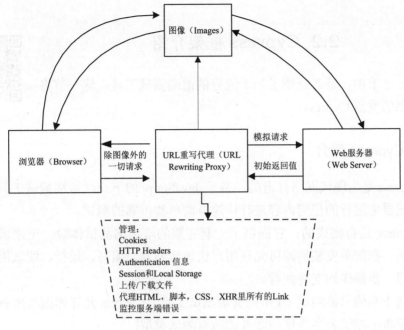

图 2-4 TestCafe 的架构图

2.1.6 Puppeteer

Puppeteer 是一个 Node.js 库，它提供了一个高级 API，通过 DevTools 协议[①]控制无头（Headless）Chrome 或 Chromium。通过配置，它也可以控制完整的（有头）Chrome 或 Chromium。

通过 Puppeteer，用户可以：

- 生成页面的屏幕截图和 PDF。
- 抓取 SPA（单页面应用程序）并生成预渲染内容（即"SSR"，服务器端渲染）。
- 自动化表单提交，UI 测试，键盘输入等。
- 创建最新的自动化测试环境。使用最新的 JavaScript 和浏览器功能直接在最新版本的 Chrome 中运行测试。
- 捕获网站的时间线跟踪，以帮助诊断性能问题。
- 测试 Chrome 扩展程序。

---

① Chrome DevTools 协议允许工具对 Chromium，Chrome 和其他基于 Blink 的浏览器进行检测，检查，调试和配置。

2.2 Cypress 框架介绍

在上一节中,笔者介绍了当下流行的前端测试工具,这一节将介绍本书的重点 Cypress。

2.2.1 Cypress 简介

Cypress 是为现代网络打造的,基于 JavaScript 的下一代前端测试工具。它可以对浏览器中运行的任何内容进行快速、简单和可靠的测试。

Cypress 是自集成的,它提供了一套完整的端到端测试体验。无须借助其他外部工具,在简单安装后即可允许用户快速地创建、编写、运行、测试用例,并且针对每一步操作均支持回看。

不同于其他只能测试 UI 层的前端测试工具,Cypress 允许你编写所有类型的测试,覆盖了测试金字塔模型涉及的所有测试类型:

- 端到端测试;
- 集成测试;
- 单元测试。

Cypress 底层协议同样不采用 WebDriver。

2.2.2 Cypress 架构及原理

2.2.2.1 Cypress 原理

大多数测试工具(如 Selenium/WebDriver)通过在浏览器外部运行并在网络上执行远程命令来运行[①]。Cypress 恰恰相反,Cypress 在与应用程序相同的生命周期里执行。

那么,Cypress 是通过何种方式实现测试代码和应用程序运行在同样的生命周期呢?

从技术上讲,当你运行测试时,Cypress 首先使用 webpack 将测试代码中的所有模块 bundle 到一个 js 文件中,然后,它会运行浏览器,并且将测试代码注入一个空白页面里,然后它将在浏览器中运行测试代码(可以理解为 Cypress 通

---

① WebDriver 底层的通信协议基于 JSON Wire Protocol,其运行需要网络通信。

过一系列操作将测试代码放到一个 iframe 中运行）。

在每次测试首次加载 Cypress 时，内部 Cypress Web 应用程序先把自己托管在本地的一个随机端口上（类似于 http://localhost:65874/__/），在识别出测试中发出的第一个 cy.visit( )命令后，Cypress 将会更改其本地 URL 以匹配你远程应用程序的 Origin（用于满足同源策略），这使得你的测试代码和应用程序可以在同一个 Run Loop 中运行。

因为 Cypress 测试代码和应用程序均运行在由 Cypress 全权控制的浏览器中，且它们运行在同一个 Domain 下的不同 iframe 内（归功于 Cypress 的神奇魔力），所以 Cypress 的测试代码可以直接操作 DOM，Window Objects 甚至 Local Storages 而无须通过网络访问，这就是 Cypress 可以运行的更快的根本原因。

除此之外，Cypress 还可以在网络（请求）层进行即时读取和更改网络流量的操作。Cypress 背后是 Node.js Process，任何发往浏览器之外的 HTTP 的请求和响应，均由 Cypress 生成的，被 Node.js Process 控制的 Proxy 进行转发。这使得 Cypress 不仅可以修改进出浏览器的所有内容，还可以更改可能影响自动化浏览器操作的代码。这使得 Cypress 相对于其他测试工具来说，不仅能从根本上控制整个自动化测试的流程，还可以提供稳定性更加可靠的结果。

2.2.2.2 Cypress 架构图

虽然 Cypress 官方没有披露过 Cypress 架构的详细细节和具体实现，但提供了一个简要的架构图来帮助我们理解其架构，如图 2-5 所示。

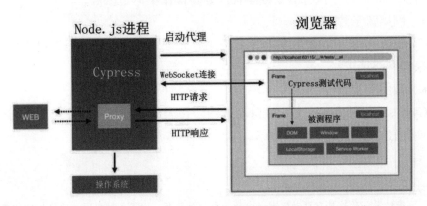

图 2-5 Cypress 架构图

2.2.3 Cypress 八大特性

Cypress 能够在众多的前端测试框架中脱颖而出，除了运行速度够快，还有如下八大特征：

- 时间穿梭

Cypress 在测试代码运行时自动拍摄快照。等测试运行结束后，用户可在 Cypress 提供的 Test Runner 里，通过将鼠标悬停在命令日志中的命令上的方式，查看运行时每一步都发生了什么。

- 实时重新加载

当测试代码修改后，Cypress 会自动加载你的改动并重新运行测试。

- 间谍（Spies）、存根（Stubs）和时钟（Clock）

Cypress 允许你验证并控制函数行为，Mock 服务器响应或更改系统时间。你喜欢的单元测试就在眼前。

- 运行结果一致性 [①]

Cypress 架构不使用 Selenium 或 WebDriver。在运行速度，可靠性测试，测试结果一致性上均有良好保障。

- 可调试性

无须猜测为什么你的测试失败了。直接从熟悉的工具（如 Chrome DevTools）进行调试。高可读性错误提示和堆栈跟踪，使调试更加快速便捷。

- 自动等待

使用 Cypress，永远无须在测试中添加 wait 或 sleep。Cypress 会自动等待元素至可操作状态时才执行命令或断言。异步操作不再是噩梦。

- 网络流量控制

Cypress 可以 Mock 服务器返回结果。无须连接后端服务器即可实现轻松控制，模拟网络请求。

- 截图和视频

Cypress 在测试运行失败时自动截图，在无头运行时录制整个测试套件的视频，使你轻松掌握测试运行情况。

---

① 运行结果一致性是指自动化测试中的一个常见问题：由于各种原因，同样的测试用例运行多次，测试结果却不尽相同。

2.2.4 一图胜千言

除了在运行速度上远超 Selenium/WebDriver，具有上述八大特性外，Cypress 还是开箱即用的。Cypress 的出现彻底改变了整个前端测试的格局，图 2-6 直观地反映出 Cypress 给前端测试带来的改变。

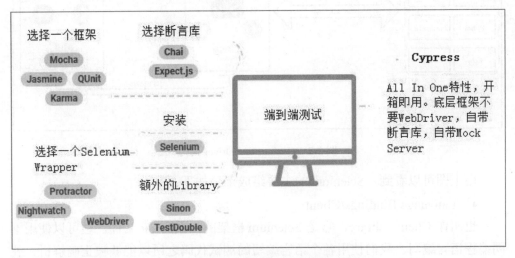

图 2-6 Cypress 给前端测试带来的改变

2.3 Cypress 与 Selenium/WebDriver 的比较

2.3.1 Selenium/WebDriver 的原理

2.3.1.1 Selenium/WebDriver 架构

Selenium/WebDriver 是一个广受欢迎的 UI 自动化工具，它基于 Client/Server（客户端/服务器端）架构设计，当前最新版本是 Selenium 4.0（alpha.4）。对于这个工具，大家都或多或少地听过用过了，故笔者就不再赘述其应用部分，直接来看它的核心架构，如图 2-7 所示。

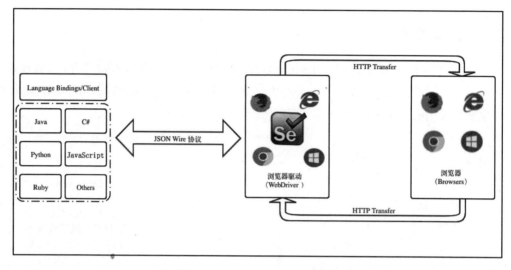

图 2-7 Selenium/WebDriver 架构

由上图可以看到，Selenium 的主要组成部分如下：

- Language Bindings/Client

也叫作 Client Library，它是 Selenium 框架的一系列 jar 文件，它可以使用不同编程语言编写。我们使用各个语言编写的测试代码之所以能够被正确解析，就是因为 Bindings 在发挥作用。

- 浏览器驱动（WebDriver）

WebDriver 可以管理和完全控制指定的特定浏览器。它的设计初衷是为了更好地支持动态网页，因为页面元素可能会在不重新加载页面的情况下发生变化。需要注意的是，WebDriver 只是一个统称，它的实现依据浏览器的不同分为不同的 Driver。

- 通过 HTTP 传输的 JSON Wire 协议

JSON（JavaScript Object Notation）是一种在 Web 上的服务器端和客户端之间传输数据的开放标准。

JSON Wire 协议是一个抽象规范，定义了用户在自动化脚本里的操作（如单击或键入）该如何映射到 selenium 或 HTTP 请求和响应中。通过 JSON Wire 协议可在 HTTP 服务器之间传输信息。

Language Bindings 和 WebDriver 就是通过 HTTP 协议传输 JSON 数据的。

- 多浏览器

多浏览器是指真正用于测试的浏览器，Selenium/WebDriver 几乎支持所有主流类型的浏览器，例如 Chrome，Firefox，Safari 和 IE。

Selenium/WebDriver 通过浏览器驱动实现对浏览器的控制。

了解了 WebDriver 的原理后，我们通过一段简单的测试脚本来了解下这几部分是如何协作的：

```
#以下示例打开一个浏览器，代码由 Python 编写
#author: iTesting

from selenium import webdriver
driver = webdriver.Firefox()
driver.get("https://helloqa.com")
```

假设这段代码是通过集成开发环境 PyCharm 编写的，编写好后用鼠标右键单击 Run 按钮运行，会发生如下事件：

（1）Selenium 的 Language Bindings 将与 Selenium API（基于浏览器原生 API 封装得更加面向对象的 Selenium WebDriver API，可以直接操作浏览器页面里的元素）进行通信。

（2）Selenium API 通过 JSON Wire 协议把你写的代码交由 Language Bindings 转换成一个 JSON Payloads 发送到浏览器驱动程序（它可能是 Firefox 驱动程序、IE 驱动程序或者 Chrome 驱动程序）。

（3）浏览器驱动程序有一个内置的 HTTP Server 来接收 HTTP 请求。当这些 JSON Payloads 被浏览器驱动程序内置的 HTTP Server 获取后，会被浏览器驱动程序转换成 HTTP 请求，通过 HTTP 协议发送给真正的浏览器。

（4）然后，Selenium 脚本中的命令将在浏览器上执行，再将执行结果通过 HTTP 请求发还给你的浏览器驱动程序。

（5）浏览器驱动程序会通过 JSON Wire 协议把结果返回给你的 IDE 进行展示，你就看到了本次的执行结果：启动了一个 Firefox 浏览器，打开了"https://helloqa.com"这个网站。

2.3.1.2 Selenium/WebDriver 运行慢的原因

通过上一节对 Selenium/WebDriver 的原理介绍，我们明白，Selenium/WebDriver 的浏览器驱动程序和真正运行测试的浏览器之间是通过 HTTP 协议交

换 JSON Wire 协议生成的 JSON PayLoads 进行通信的。这就意味着你的每一行代码/命令，最终都会转化成 JSON Payloads 交由 Selenium/WebDriver API 通过网络进行传输，即使你的代码/命令在本地执行，WebDriver 和浏览器的通信也要通过网络传输。

在此情况下，所有的请求会发送给本地主机，在它后面的是环回接口（环回接口用来查错和运行本机内部的网络服务），网络通信会从 OSI 模型的第三层即网络层开始，依次经过传输层、会话层、表示层到达应用层，只有物理层和数据链路层能被略过。对于某些浏览器驱动来说，一个请求从本地主机到环回接口返回需要花费数秒之久。

这就是 Selenium/WebDriver 长期以来被广大开发测试诟病的根本原因所在。

新兴的前端测试框架 Cypress 采用了与 Selenium/WebDriver 完全不同的底层设计，从而使 Cypress 能够从理论上就比 Selenium/WebDriver 的运行速度加快很多。

2.3.2 Cypress 与 Selenium/WebDriver 比较

在 2.2 节中，笔者详细介绍了 Cypress 的架构组成、原理及八大特性。

本节将以更直观的方式来比较 Cypress 和 Selenium/WebDriver。

- 浏览器之外与浏览器之内相比较

通过前面章节对 Selenium/WebDriver 和 Cypress 的介绍，读者朋友们了解到了 Selenium/WebDriver 和 Cypress 的根本性不同：Selenium/WebDriver 命令是运行在浏览器之外的，所有测试命令通过 Remote Call 方式进行；而 Cypress 命令跟被测应用程序运行在同一个浏览器实例当中。

- UI 层测试与三层测试相比较

从测试金字塔模型来看，越往上，测试的投入越大，收益越低。Selenium/WebDriver 只能测试到最上层即 UI 层，而 Cypress 却可以测试到测试金字塔的每一层，如图 2-8 和图 2-9 所示。

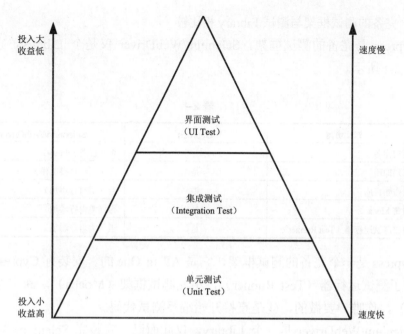

图 2-8 测试金字塔模型

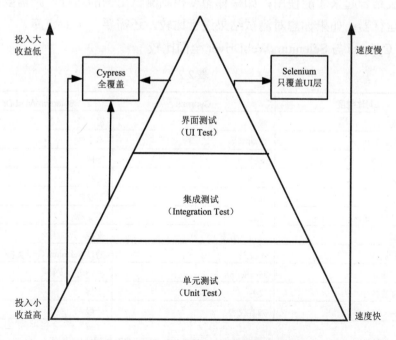

图 2-9 Cypress 和 Selenium 覆盖范围比较

- 完备的测试框架与测试 Library 相比较

Cypress 是完备的测试框架，Selenium/WebDriver 仅是个 Library，它们的区别如表 2-1 所示。

表 2-1

对比维度	Cypress	Selenium/WebDriver
框架完备	是	否（仅是 Library）
开箱即用	是	否（无法直接工作）
自带断言库	是	否（需自行添加）
自带 Mock	是	否（需自行添加）
自带测试运行器（Test Runner）	是	否（需自行添加）

Cypress 是一个完备的测试框架，它是 All in One 的。安装好 Cypress 后，就自动有了测试运行器（Test Runner）、单元测试框架（Mocha）、断言库（Chai-jQuery），你唯一要做的，就是直接开始编写测试代码。

Selenium/WebDriver 是一个 Library，仅此而已。安装完 Selenium/WebDriver 后，你还是什么都做不了。如果你想要实现真正的 UI 自动化，必须将它与单元测试框架结合起来才能使用；如果你想要控制测试用例的运行，则需要制作自己的测试运行器；如果你想对测试结果进行比较，还需要一个断言库。

- Cypress 与 Selenium/WebDriver 全面比较

表 2-2

对比维度	Cypress	Selenium/WebDriver
运行速度	快	慢
元素查找时等待	自动等待	不支持
Headless 模式	支持	支持
运行时截图	支持	支持
运行时录屏	支持	不支持
回放测试执行情况	支持	不支持
并发测试	支持（收费）	支持
远程执行测试	不支持	通过 Selenium Grid 支持
脚本编写语言	JavaScript	多种语言支持
多浏览器支持	支持	支持
社区支持	内容完善	一般

可以看到，在 Cypress 与 Selenium/WebDriver 都支持的领域，Cypress 要更胜

一筹。

在 Cypress 不支持而 Selenium 支持的领域，Cypress 也给出了解决方案：

并发测试：当测试用例太多时，为了缩短测试运行时间，尽早拿到测试结果，Selenium 可以支持并发运行测试（当然要你的单元测试框架支持），Cypress 虽不支持并发运行，但是提供了跨虚拟机并行运行测试脚本并收集测试结果的能力，这一点将在后面的章节里详细介绍。

脚本编写语言：Cypress 作为前端测试框架，仅支持被前端开发广为使用的语言 JavaScript，上手简单。

多浏览器支持：Cypress 4.0 之前仅支持基于 Chromium 内核的浏览器，比如 Chrome，Electron 等浏览器。Cypress 4.0 开始，添加了对多浏览器的支持，目前官方支持的浏览器增加了 FireFox 和 MicroSoft Edge。

除以上几个因素外，Cypress 在其他方面的表现都大大超过了 Selenium/Webdriver，加上它可以覆盖到测试金字塔的全部三层测试类型，笔者大胆预测，Cypress 在未来几年内将威胁甚至赶超 Selenium/WebDriver 的统治地位。

2.4 Cypress 与其他主流测试工具比较

2.4.1 Cypress 与 Karma 比较

2.4.1.1 Karma 安装

```
//安装 Karma
$ npm① install karma --save-dev

//安装插件
$ npm install karma-jasmine karma-chrome-launcher jasmine-core --save-dev

//这会将 karma, karma-jasmine, karma-chrome-launcher 和 jasmine-core 软件包安装到当前工作目录中的 node_modules 中，并将它们保存为 package.json 中的 devDependencies，这样任何其他开发项目的开发人员都只需要 执行 npm install，就可以安装所有这些依赖项
```

---

① npm（Node Package Manager）是基于 Node.js 的包管理工具，可用于从 npm 服务器下载第三方工具包。读者须首先安装 npm，Windows 系统使用以下命令即可：npm install npm –g。

```
//运行 Karma
$ ./node_modules/karma/bin/karma start
```

2.4.1.2 Cypress 与 Karma 比较

Cypress 与 Karma 的比较结果如表 2-3 所示。

表 2-3

对比维度	Cypress	Karma
框架完备	是	否（仅仅是 Test Runner）
开箱即用	是	否（无法直接工作）
自带断言库	是	否（无法直接工作）
自带 Mock	是	否（无法直接工作）
自带测试运行器（Test Runner）	是	是（也仅仅是 Test Runner）

2.4.2 Cypress 与 Nightwatch 比较

2.4.2.1 Nightwatch 安装

```
//安装 Node.js
从以下链接下载并安装，注意选择跟你的操作系统相同的版本
https://nodejs.org/en/download/

//安装 Nightwatch
$ npm install nightwatch --save-dev

//安装 WebDriver,根据要运行的浏览器不同相应安装
//用于 Firefox:
$ npm install geckodriver --save-dev
//用于 Chrome:
$ npm install chromedriver --save-dev
//用于 Safari:
$ safaridriver --enable

//安装 Selenium-standalone
$ npm install selenium-standalone --save-dev

//配置 nightwatch.json, nightwatch.conf.js 等设置，请参考
//https://nightwatchjs.org/gettingstarted//configuration
```

2.4.2.2 Cypress 与 Nightwatch 比较

Cypress 与 Nightwatch 比较结果如表 2-4 所示。

表 2-4

对比维度	Cypress	Nightwatch
框架完备	是	是
开箱即用	是	是（安装，配置烦琐）
底层框架	自主研发，运行快	基于 WebDriver，运行慢
适用范围	UI，API，Unit Test 均支持	仅用于 UI 测试
脚本易维护	是	否（难以维护）
回放测试执行情况	是	否
多浏览器支持	支持	支持

2.4.3 Cypress 与 Protractor 比较

2.4.3.1 Protractor 安装

```
//全局安装 Protractor
npm install -g protractor

//这将安装两个命令行工具 protractor 和 webdriver-manager

//检查版本确保正确安装
$ protractor --version

//下载必要 binaries
$ webdriver-manager update

//启动 Selenium Server
$ webdriver-manager start

//这将启动 Selenium Server 并输出一堆信息日志。你的 Protractor 测试将向此服务器发
送请求以控制本地浏览器。你可以在 http://localhost:4444/wd/hub 中查看有关服务器状
态的信息

//编写好测试用例（例如文件名是 test.JS）后，通常还需要一个配置文件（例如 conf.JS）
//conf.JS 文件内容如下
exports.config = {
    seleniumAddress: 'http://localhost:4444/wd/hub',
    specs: [' test.js']
};

//运行你的用例
$ protractor conf.js
```

2.4.3.2 Cypress 与 Protractor 比较

Cypress 与 Protractor 比较结果如表 2-5 所示。

表 2-5

对比维度	Cypress	Protractor
框架完备	是	是
开箱即用	是	是
底层框架	自主研发，运行快	基于 Webdriver JS，运行慢
单元测试框架	底层使用 Mocha，不可替换	默认使用 Jasmine，允许替换
适用范围	多种语言开发的程序均可进行测试	主要应用于 Angular 的程序
回放测试执行情况	是	否
多浏览器支持	支持	支持

需要注意的是，Protractor 通常用来测试基于 Angular 的应用程序。如果你要测试的应用程序不是基于 Angular 开发的，那么你需要在测试中做出如下更改：

```
//以下代码打开网站 helloqa.com 并验证 title 包含 iTesting 字样
//因网站不基于 Angular 开发，故需要使用语句
//browser.waitForAngularEnabled(false);
describe('Protractor Demo App', function( ) {
  it('should have a title', function( ) {
    browser.waitForAngularEnabled(false);
    browser.get('http://helloqa.com');
    expect(browser.getTitle( )).to.have.string('iTesting');;
  });
});
```

2.4.4　Cypress 与 TestCafe 比较

2.4.4.1　TestCafe 安装

```
//安装 TestCafe 前，需要确保你的机器上已经安装好 Node.js 和 npm
//本地安装
$ npm install --save-dev testcafe
//全局安装
npm install -g testcafe
//运行你的用例
$ testcafe chrome {path-to-testfile/}testfile
```

2.4.4.2 Cypress 与 TestCafe 比较

Cypress 与 TestCafe 比较结果如表 2-6 所示。

表 2-6

对比维度	Cypress	TestCafe
框架完备	是	是
开箱即用	是	是
底层框架	自主研发，运行快	自主研发，通过 Proxy Server 工作
测试用例组织便捷度	基于 Mocha，组织、编写简单	测试用例写法异于常规（fixture），学习成本高
自带测试运行器	是	是（也仅仅是 Test Runner）
回放测试执行情况	是	否
多浏览器支持	支持	支持
测试运行	测试运行在浏览器中	测试运行在 Node.js 中，便于设置和清除数据库 fixtures

2.4.5 Cypress 与 Puppeteer 比较

2.4.5.1 Puppeteer 安装

```
//安装
$ npm i puppeteer
//或者
$ yarn add puppeteer

//编写测试（名称 testExample.js）
//此用例访问 helloqa 站点并截屏为 testExample
const puppeteer = require('puppeteer');
 (async ( ) => {
    const browser = await puppeteer.launch( );
    const page = await browser.newPage( );
    await page.goto('https://www.helloqa.com');
    await page.screenshot({path: testExample.png'});
    await browser.close( );
    })( );

//运行你的用例
$ node testExample.js
```

2.4.5.2 Cypress 与 Puppeteer 比较

Cypress 与 Puppeteer 比较结果如表 2-7 所示。

表 2-7

对比维度	Cypress	Puppeteer
框架完备	是	是
是否有 IDE	是	否
适用范围	e2e 的完美解决方案	主要用于爬虫和开展快速测试
自带断言库	是	否
回放测试执行情况	是	否
多浏览器支持	支持	支持

2.5 Cypress 的局限

Cypress 自有框架设计赋予了 Cypress 独特的特性,在提供诸如时间穿梭、自动等待功能,以交互式运行 Test Runner 的同时,Cypress 也存在一些局限性。

2.5.1 长期权衡

- 不建议使用 Cypress 用于网站爬虫,性能测试之目的。
- Cypress 永远不会支持多标签测试。
- Cypress 不支持同时打开两个及以上的浏览器。
- 每个 Cypress 测试用例应遵守同源策略(same-origin policy)[①]。

2.5.2 短期折中

- 目前浏览器支持 Chrome,Firefox,Microsoft Edge 和 Electron。
- 不支持测试移动端应用。
- 针对 iframe 的支持有限。
- 不能在 window.fetch 上使用 cy.route( )。
- 没有影子 DOM 支持。

Cypress 作为一款优秀的开源软件,其提供的多个免费功能已经能满足绝大多数团队和个人的需求。针对想要进一步提高测试效率,更有效地组织、分析测试结果的企业用户,Cypress 还提供了收费的基于持续集成测试(CI)的 Dashboard 服务。

---

① 同源策略指协议相同,域名相同,端口相同。
在一次测试中,仅允许访问位于同一个根域名下的不同链接。如果跨域,Cypress 会自动报错。

第三部分

前端自动化测试框架
基 础 篇
——Cypress 基础知识

第 3 章

Cypress 初体验

前面两章分别对前端自动化测试和前端自动化框架做了阐述。从本章开始，将着重介绍 Cypress 在企业项目中的具体应用。

3.1 Cypress 安装

3.1.1 系统要求

你的操作系统需要满足如下条件才能安装 Cypress：
- macOS 10.9 及以上（仅支持 64 位版本）。
- Linux Ubuntu 12.04 及以上，Fedora 21 和 Debian 8（支持 64 位版本）。
- Windows 7 及以上。

3.1.2 下载

Cypress 当前支持如下版本的下载：
- Windows 64 位（?platform=win32&arch=x64）。
- Windows 32 位（?platform=win32&arch=ia32，从 3.3.0 版本开始支持）。
- Linux 64 位（?platform=linux）。
- macOS 64 位（?platform=darwin）。

可以直接访问如下网址下载：

https://download.cypress.io/

此网站会根据你的操作系统，自动下载合适的最新版本。下载完成后，你只需解压文件，双击即可使用 Cypress[①]。

如果你想使用某个特定版本的 Cypress，还可以通过访问 https://download.cypress.io/desktop.json 来获取可供下载的版本。

3.1.3 安装

在此，推荐用如下的方式来安装和运行 Cypress。

- 方式一，npm 方式安装[②]。

使用 npm 安装 Cypress，使用者的操作系统中应事先安装好 npm 模块。笔者以 Windows 系统为例，简要介绍一下使用 npm 安装 Cypress 时所需的步骤。

1. 安装 Node.js

在 Node.js 官方网站 https://nodejs.org/en/ 直接下载 Node.js 并双击安装。

2. 设置环境变量

由于 npm 已经集成在新版的 Node.js 中，所以在 Node.js 安装成功后，先把 node.exe 所在的目录加入 PATH 环境变量中，然后在命令行下先后输入

```
C:\Users\Administrator>node --version

C:\Users\Administrator>npm --version
```

即可验证 Node.js 和 npm 是否安装成功。

3. 执行 npm init 命令来生成 package.json 文件

```
#命令行方式下进入要安装 Cypress 的文件夹下（例如 E:\Cypress 文件夹）。
C:\Users\Administrator>E:
#进入文件夹 Cypress
E:\>cd Cypress
#键入 npm init
E:\Cypress>npm init
```

[①] 通过直接下载的方式，Cypress 无法运行 Dashboard 服务。直接下载仅用作快速尝试 Cypress。

[②] npm（Node Package Manager），是基于 Node.js 的包管理工具。npm 使 JavaScript 代码的分享和重用变得更加容易。用户可以使用 npm 获得第三方包，也可以发布自己编写的包或命令程序供他人使用。

npm init 命令会引导你配置生成 package.json 文件，你可以在需要输入时按 Enter 键以使用默认配置，如图 3-1 所示。

```
E:\Cypress>npm init
This utility will walk you through creating a package.json file.
It only covers the most common items, and tries to guess sensible defaults.

See `npm help json` for definitive documentation on these fields
and exactly what they do.

Use `npm install <pkg>` afterwards to install a package and
save it as a dependency in the package.json file.

Press ^C at any time to quit.
package name: (cypress)
version: (1.0.0)
description:
entry point: (index.js)
test command:
git repository:
keywords:
author:
license: (ISC)
About to write to E:\Cypress\package.json:

{
  "name": "cypress",
  "version": "1.0.0",
  "description": "",
  "main": "index.js",
  "dependencies": {
    "cypress": "^3.4.1"
  },
  "devDependencies": {},
  "scripts": {
    "test": "echo \"Error: no test specified\" && exit 1"
  },
  "author": "",
  "license": "ISC"
}

Is this OK? (yes)
```

图 3-1 使用默认配置

输入"yes"并按 Enter 键，将会在你的 Cypress 文件夹（本例为 E:\Cypress 文件夹）下生成 package.json 文件。package.json 文件也可由用户自主创建。package.json 通常存在于项目的根目录下，它定义了这个项目所需要的各种模块及项目的各项配置信息（比如名称、版本、依赖，脚本等）。

4. 使用 npm install cypress --save-dev 命令安装 Cypress

```
E:\Cypress>npm install cypress --save-dev
```

- 方式二，yarn 方式安装[①]。

使用 yarn 安装 Cypress，使用者的操作系统中应事先安装好 yarn 模块。笔者以 Windows 系统为例，简要介绍一下使用 yarn 安装 Cypress 时所需的步骤。

（1）访问网站 https://yarnpkg.com/en/docs/install#windows-stable，下载并安装 yarn。

（2）进入命令行工具（管理员模式），输入如下命令来检查 yarn 是否正确安装。

```
C:\Users\Administrator>yarn -version
```

（3）进入要安装 Cypress 的文件夹，通过命令"yarn add cypress --dev"安装 Cypress。

```
#进入文件夹Cypress
C:\Users\Administrator>E:

E:\>cd Cypress

#安装Cypress
E:\Cypress>yarn add cypress --dev
```

3.1.4 打开 Cypress

通过任一方式安装好 Cypress 后，可以通过以下方式之一打开 Cypress。

（1）进入 E:\Cypress\node_modules\bin 文件夹，输入"cypress open"。

```
E:\Cypress\node_modules\.bin>cypress open
```

（2）进入 Cypress 文件夹（本例为 E:\Cypress），输入"yarn run cypress open"。

```
E:\Cypress>yarn run cypress open
```

---

① yarn 也是一个 JavaScript 包管理工具，它是为了弥补 npm 的一些缺陷而出现的。

（3）进入命令行工具（管理员模式），输入"npx[①] cypress open"。

```
C:\Users\Administrator>npx cypress open
```

在命令行输入以上方式的一种命令时，Cypress 就会打开。

3.1.5 Cypress 设置

除了以上介绍的打开方式，Cypress 还允许配置 package.json 文件的 scripts 字段的方式来定义打开方式。

```
# 在 package.json 文件里，新增 scripts 代码段，更改如下
  "scripts": {
      "cypress:open": "cypress open"
      }
```

配置保存后，package.json 内容如下：

```
{
  "devDependencies": {
    "cypress": "^3.4.1"
  },
  "scripts": {
      "cypress:open": "cypress open"
      }
}
```

此时，你还可以在命令行中通过如下方式打开 Cypress：

```
# 使用 yarn 打开
E:\Cypress>yarn cypress:open
# 使用 npm 打开
E:\Cypress>npm run cypress:open
```

Cypress 在第一次打开时，将会初始化一些配置，初始化完成后，你将看到如图 3-2 所示的页面。

---

① npm 从 5.2 版开始，增加了 npx 命令，主要用于提升从 npm 注册表使用软件包的体验。npx 会随 npm 自动安装，你也可自行安装。

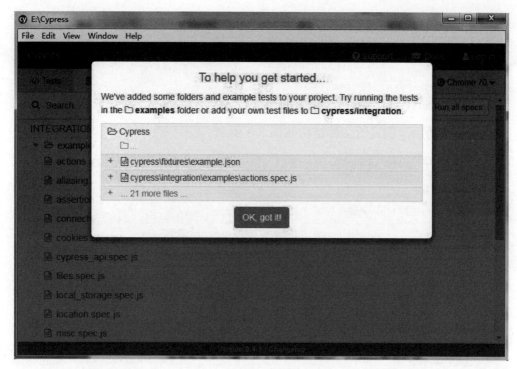

图 3-2 首次打开 Cypress

对于 Cypress 的文件结构及具体用途,将在下一章详细介绍。

3.2 搭建测试应用

为了保持本书测试用例的一贯性,并可更精准地演示 Cypress 的各项功能,本书将会使用 Cypress 官方配套的项目来进行 Cypress 的讲解和演示。

3.2.1 下载测试应用

1. 安装 git

访问链接 https://gitforwindows.org/,单击 Download 下载后安装。

2. 克隆演示项目 cypress-example-recipes

```
#命令行方式下进入要安装 Cypress 演示项目的文件夹下(例如 E 盘)。
C:\Users\Administrator>E:
```

```
#克隆演示项目
E:\>git clone https://github.com/cypress-io/cypress-example-recipes.git

#安装项目所需依赖包
E:\>cd cypress-example-recipes
E:\cypress-example-recipes>npm install
```

安装成功后，项目的文件结构如图 3-3 所示。

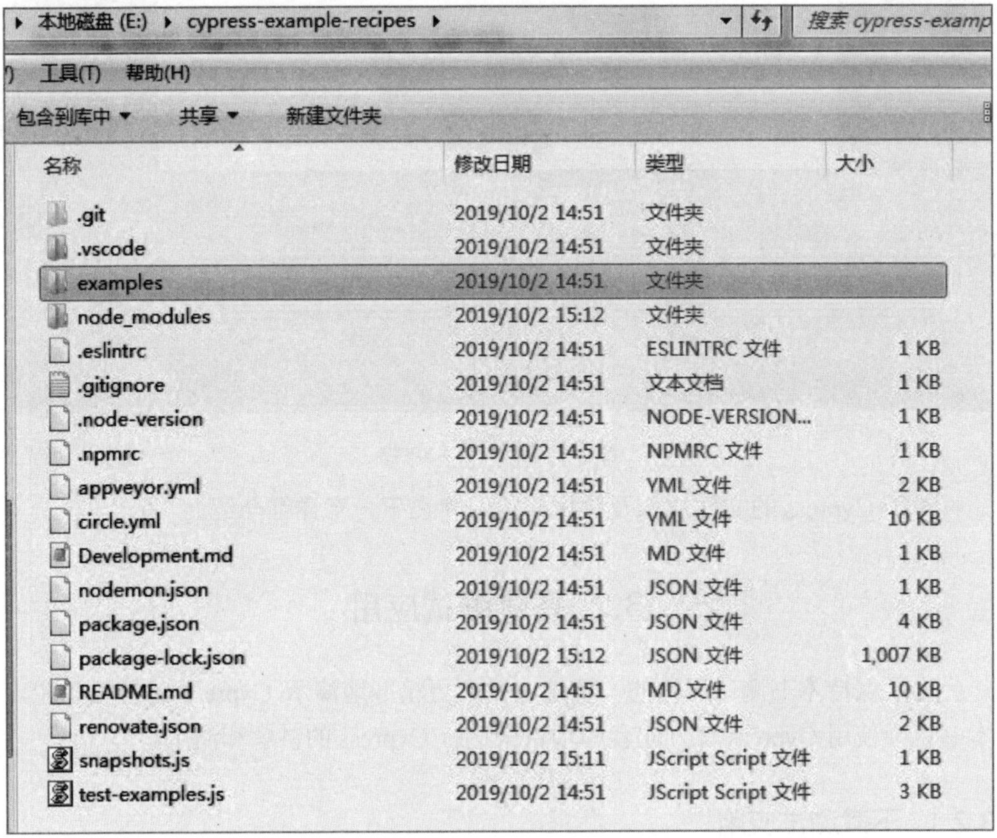
本地磁盘 (E:) ▸ cypress-example-recipes ▸
搜索 cypress-examp
工具(T) 帮助(H)
包含到库中 ▾ 共享 ▾ 新建文件夹
名称 修改日期 类型 大小
.git 2019/10/2 14:51 文件夹
.vscode 2019/10/2 14:51 文件夹
examples 2019/10/2 14:51 文件夹
node_modules 2019/10/2 15:12 文件夹
.eslintrc 2019/10/2 14:51 ESLINTRC 文件 1 KB
.gitignore 2019/10/2 14:51 文本文档 1 KB
.node-version 2019/10/2 14:51 NODE-VERSION... 1 KB
.npmrc 2019/10/2 14:51 NPMRC 文件 1 KB
appveyor.yml 2019/10/2 14:51 YML 文件 2 KB
circle.yml 2019/10/2 14:51 YML 文件 10 KB
Development.md 2019/10/2 14:51 MD 文件 1 KB
nodemon.json 2019/10/2 14:51 JSON 文件 1 KB
package.json 2019/10/2 14:51 JSON 文件 4 KB
package-lock.json 2019/10/2 15:12 JSON 文件 1,007 KB
README.md 2019/10/2 14:51 MD 文件 10 KB
renovate.json 2019/10/2 14:51 JSON 文件 2 KB
snapshots.js 2019/10/2 15:11 JScript Script 文件 1 KB
test-examples.js 2019/10/2 14:51 JScript Script 文件 3 KB

图 3-3 Cypress 文件结构

3.2.2 启动测试应用

需要注意的是，cypress-example-recipes 这个测试项目的 examples 文件夹内包括了很多子项目，每个子项目都是相对独立的，有自己的前端和后端实现，每个子项目用来阐述一种或多种 Cypress 的用法。

在启动测试应用时，应根据测试目的，进入不同的子项目文件夹，来启动应用。举例来说，如果要测试表单类型的登录，则需进行如下操作：

```
#命令行方式下进入待测试子项目
C:\Users\Administrator>E:
E:\>cd cypress-example-recipes
E:\cypress-example-recipes>cd examples/logging-in__html-web-forms

#启动本地 Server
E:\cypress-example-recipes\examples\logging-in__html-web-forms>npm start
```

启动成功后，屏幕上将显示服务器的地址和端口，如图 3-4 所示。

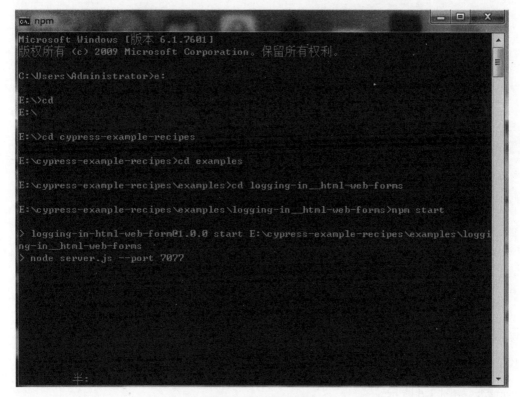

图 3-4 启动测试应用

此时在浏览器中访问 http://localhost:7077，将会看到登录页面，如图 3-5 所示。

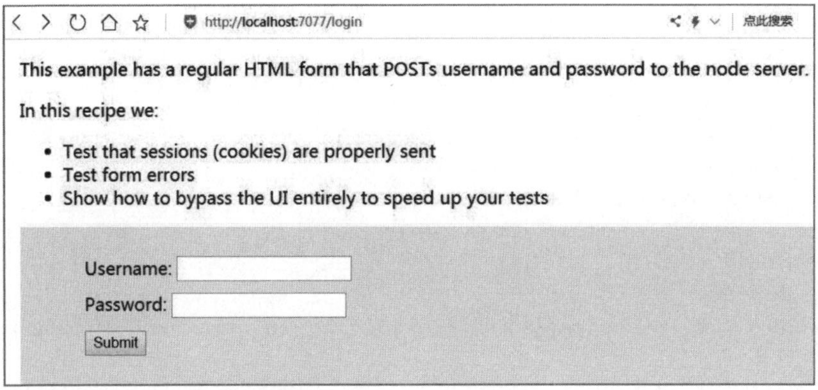

图 3-5 表单登录演示

3.3 测试你的应用

区别于其他的自动化测试工具，Cypress 安装完成后，即可直接创建你的测试用例用于测试。

以上节中介绍的登录页面为例，假设我们需要测试用户登录这个功能，那么此测试用例的步骤如下。

（1）访问 localhost:7077。
（2）输入用户名和密码，单击登录。
（3）如果用户名和密码正确，则登录成功，否则登录失败。

下面来实现这条测试用例。

3.3.1 创建测试

在文件夹 E:\Cypress\cypress\integration[①]下创建一个 js 文件，例如 testLogin.js。

3.3.2 编写测试用例

打开浏览器，访问 http://localhost:7077，按下 F12 键打开控制台，定位页面元素，如图 3-6 所示。

[①] integration 文件夹是 Cypress 安装完毕后自动生成的文件，也是 Cypress 默认存放测试用例的根目录，任何创建在此目录下的文件都将被当作测试用例。E:\Cypress 是笔者 Cypress 的安装路径，可能与你的安装路径不同。

图 3-6 表单登录演示——元素获取

在本例中，笔者以标签和属性名来定位元素 Username 和 Password。最终测试代码如下所示：

```
//testLogin.js
///<reference types="cypress" />

describe('登录', function ( ) {
  //此用户名和密码为本地服务器默认
  const username = 'jane.lane'
  const password = 'password123'

  context('HTML 表单登录测试', function ( ) {

    it('登录成功，跳转到dashboard页', function ( ) {
      cy.visit('http://localhost:7077/login')
      cy.get('input[name=username]').type(username)
      cy.get('input[name=password]').type(password)
      cy.get('form').submit( )

      //断言，验证登录成功则跳转到/dashboard 页面
      //断言，验证用户名存在
      cy.url( ).should('include', '/dashboard')
      cy.get('h1').should('contain', 'jane.lane')
```

```
    })
  })
})
```

关于这段代码的具体解释及 Cypress 编写测试用例需遵循的规范，将在后续章节详细介绍。

3.3.3 运行测试

根据笔者在 3.1.5 节的配置，运行 Cypress 测试的命令如下：

```
# 保持本地测试服务器处于运行状态
C:\Users\Administrator>E:
E:\>cd cypress-example-recipes
E:\cypress-example-recipes>cd examples/logging-in__html-web-forms
E:\cypress-example-recipes\examples\logging-in__html-web-forms>npm start

# 新打开一个命令行窗口，进入 Cypress 安装文件夹，执行 yarn cypress:open
C:\Users\Administrator>E:
E:\>cd Cypress
E:\Cypress>yarn cypress:open
```

这时，可看到如图 3-7 所示的操作界面。

图 3-7 Cypress 运行测试用例

单击 testLogin.js，Cypress 会启动 Test Runner 运行测试，运行成功后，你将看到运行结果页面，如图 3-8 所示。

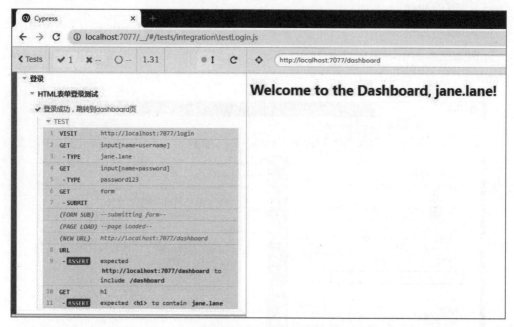

图 3-8 Cypress 运行结果

3.3.4 调试测试用例

编写的测试用例在运行时，难免会遇见各种情况导致运行失败。此种情形下，快速定位到发生错误的位置，了解发生错误时系统所处的上下文状态，一直是一个难点。

Cypress 提供了多种 debug 能力，以助力开发者在测试运行错误时直达错误位置，并支持回放错误发生时的上下文信息，一目了然地查看测试失败原因，避免了猜测失败的原因，提升了开发效率。

下面简要介绍一下 Cypress 提供的这些调试能力。

- 每个命令（Command）均有快照且支持回放

以图 3-8 为例，Cypress 记录了每一个操作命令执行时的快照，并支持在不同操作命令快照之间切换，方便开发者了解整个测试的上下文信息。

- 支持查看测试运行时发生的特殊页面事件（例如网络请求）

Cypress 会记录测试运行时发生的特殊页面事件，包括：

- 网络 XHR 请求。
- URL 哈希更改。
- 页面加载。
- 表格提交。

例如在本例中，单击"SUMBIT"按钮后产生的就是表格提交请求，如图3-9所示。

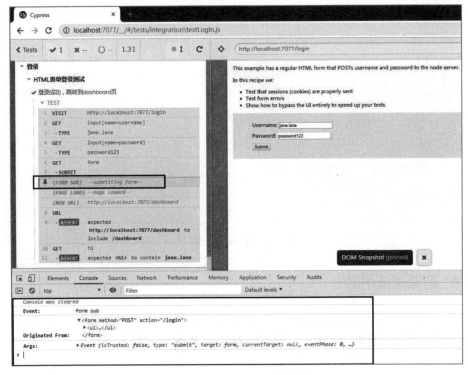

图 3-9 Cypress 记录页面特殊事件

- Console 输出每个命令（Command）的详细信息

仍以图 3-9 为例，Cypress 除了记录"submitting form"这个表格提交请求，还在 Console 里打印出了这个请求的详细信息，可以进一步帮助开发者了解系统在运行时的详细状态信息。

- 暂停命令（Command）并单步/恢复执行

在调试测试代码时，Cypress 提供了如下两个命令来暂停。

- cy.pause( )

把 cy.pause( )添加到 testLogin.js 文件中，位置置于 cy.get('form').submit( )之前。

```javascript
//testLogin.js
///<reference types="cypress" />
describe('登录', function ( ) {
  //此用户名和密码为本地服务器默认
  const username = 'jane.lane'
  const password = 'password123'

  context('HTML 表单登录测试', function ( ) {

    it('登录成功, 跳转到dashboard页', function ( ) {
      cy.visit('http://localhost:7077/login')
      cy.get('input[name=username]').type(username)
      cy.get('input[name=password]').type(password)
      //暂停测试
      cy.pause( )
      cy.get('form').submit( )

      //断言, 验证登录成功则跳转到/dashboard页面
      //断言, 验证用户名存在
      cy.url( ).should('include', '/dashboard')
      cy.get('h1').should('contain', 'jane.lane')
    })
  })
})
```

代码保存后运行一下，可以看到测试运行到表单提交前，暂停运行并等待用户操作，如图 3-10 所示。

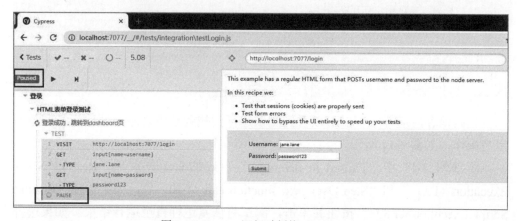

图 3-10 Cypress 运行时暂停（cy.pause）

留意图 3-10 中左上角 Paused 标记，它的右边分别是"Resume"和"Next: 'get'"按钮。如果选择"Resume"按钮并单击，测试将恢复运行直至运行结束。如果选择"Next: 'get'"按钮并单击，测试会变成单步执行，即单击后，会执行 cy.get('form')请求，再次单击会执行 submit 动作。

> cy.debug( )

把 cy.debug( )添加到 testLogin.js 文件中，位置置于 cy.get('form')和 submit( )之间。

```
//testLogin.js
///<reference types="cypress" />

describe('登录', function ( ) {
  //此用户名和密码为本地服务器默认
  const username = 'jane.lane'
  const password = 'password123'

  context('HTML 表单登录测试', function ( ) {

    it('登录成功，跳转到 dashboard 页', function ( ) {
      cy.visit('http://localhost:7077/login')
      cy.get('input[name=username]').type(username)
      cy.get('input[name=password]').type(password)
      //Debug 测试
      cy.get('form').debug( ).submit( )

      //断言，验证登录成功则跳转到/dashboard 页面
      //断言，验证用户名存在
      cy.url( ).should('include', '/dashboard')
      cy.get('h1').should('contain', 'jane.lane')
    })
  })
})
```

代码保存后运行一下，可以看到测试运行到找到表单之时，暂停运行并等待用户操作，如图 3-11 所示。

留意图 3-11 中"Paused in debugger"，它的右边分别是"Resume Script Execution（F8）"和"Step Over next function call（F10）"。如果选择"Resume Script Execution（F8）"按钮并单击，测试将恢复运行直至运行结束。如果选择"Step Over next function call（F10）"按钮并单击，测试会跳转到下一个函数调用里，方便开发者调试。

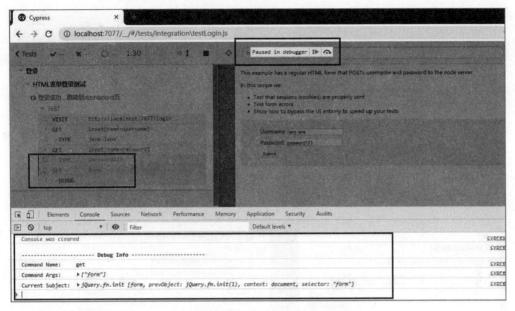

图 3-11 Cypress 运行时调试(cy.debug)

- 当找到隐藏或多个元素时可视化

更改元素 username 的定位器，使得它匹配到不止一个元素，更改后的 testLogin.js 代码如下：

```
//testLogin.js
///<reference types="cypress" />

describe('登录', function ( ) {
  //此用户名和密码为本地服务器默认
  const username = 'jane.lane'
  const password = 'password123'

  context('HTML 表单登录测试', function ( ) {

    it('登录成功，跳转到dashboard页', function ( ) {
      cy.visit('http://localhost:7077/login')
      //更改 username 定位器，使之匹配到不止一个元素
      cy.get('input').type(username)
      cy.get('input[name=password]').type(password)
      //暂停测试。

      cy.get('form').debug( ).submit( )

      //验证登录成功则跳转到/dashboard 页面
```

```
    //验证用户名存在
    cy.url( ).should('include', '/dashboard')
    cy.get('h1').should('contain', 'jane.lane')
  })
 })
})
```

代码保存后运行一下，可以看到测试运行到查找 username 输入框时，系统在这个元素后面显示找到 2 个元素，如图 3-12 所示。

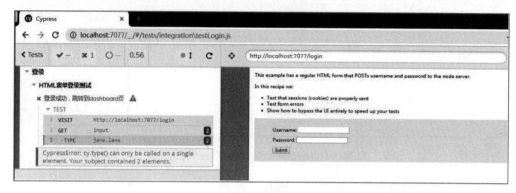

图 3-12 Cypress 匹配到多个元素

因为不止一个元素满足要求，故执行下一命令 type 时测试以失败结束。

本章通过一个登录界面的演示，介绍了 Cypress 初次安装后的各项配置和操作。

第4章 Cypress 测试框架拆解

Cypress 的架构和原理已经在 2.2.2 节中详细介绍过了，本章将从文件结构出发，进一步拆解 Cypress。

4.1 Cypress 默认文件结构

在 Cypress 安装完成后，用 "cypress open" 命令首次打开 Cypress，Cypress 会自动进行初始化配置并生成一个默认的文件夹结构[①]，如图 4-1 所示。

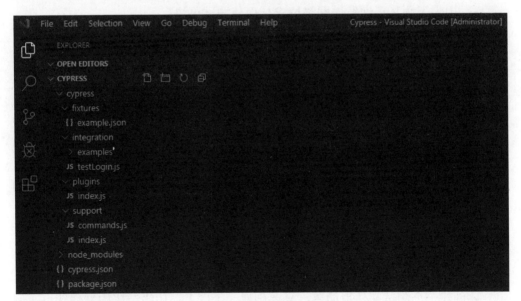

图 4-1 默认文件结构

---

① 笔者使用的 IDE 是 Visual Studio Code，读者朋友可选择自己熟悉的 IDE 打开 Cypress 项目。

下面详细介绍一下各类文件结构及其作用。

4.1.1 测试夹具（Fixture）

测试夹具通常配合 cy.fixture( )命令使用，主要用来存储测试用例的外部静态数据。

测试夹具默认位于 cypress/fixtures 中，但可以配置到另一个目录。

测试夹具里的静态数据通常存储在 .json 后缀文件里（例如自动生成的 examples.json 文件）。这部分数据通常是某个网络请求的对应响应部分，包括 HTTP 状态码和返回值，一般是复制过来更改而不由用户手工填写。

如果你的测试需要对某些外部接口进行访问并依赖于它的返回值，则可以使用测试夹具而无须真正地访问这个接口。

使用测试夹具有如下几个好处：
- 消除了对外部功能模块的依赖。
- 你编写的测试用例可以使用测试夹具提供的固定返回值，并且你确切知道这个返回值是你想要的。
- 因为无须真正地发送网络请求从而使测试更快。

4.1.2 测试文件（Test file）

测试文件其实就是我们的测试用例。它默认位于 cypress/integration 中，但可以配置到另一个目录。所有位于 cypress/integration 文件夹下，以如下后缀结尾的文件都将被 Cypress 视为测试文件：
- .js 文件。是以普通 JavaScript 编写的文件。
- .jsx 文件。是带有扩展的 JavaScript 文件，其中可包含处理 XML 的 ECMAScript。
- .coffee 文件。是一套 JavaScript 的转译语言，相对于 JavaScript，它拥有更严格的语法。
- .cjsx 文件。CoffeeScript 中的 jsx 文件。

要创建一个测试文件很简单，只要创建一个以上述后缀结尾的文件即可。例如我们在第 3 章中创建的 testLogin.js 文件。测试文件创建好后刷新 Test Runner 即可看到更新。

4.1.3 插件文件（Plugin file）

Cypress 独一无二的优点是，测试代码运行在浏览器之内，这使得 Cypress 跟其他的测试框架相比，有着显著的架构优势。

尽管这提供了更加可靠的测试体验，并使编写测试变得更加容易，但这确实使在浏览器之外进行通信更加困难。

Cypress 注意到了这个痛点，所以提供了一些现成的插件（Plugins），使你可以修改或者扩展 Cypress 的内部行为（例如动态修改配置信息和环境变量等），也可以自定义自己的插件。

默认状态，插件位于 cypress/plugins/index.js 中，但可以配置到另一个目录。为了方便起见，在每个测试文件运行之前，Cypress 都会自动加载插件文件 cypress/plugins/index.js。

插件在 Cypress 中的典型应用有：
- 动态更改来自 cypress.json，cypress.env.json，CLI 或系统环境变量的已解析配置和环境变量。
- 修改特定浏览器的启动参数。
- 将消息直接从测试代码传递到后端。

笔者将在后续的章节演示插件在项目中的实际应用。

4.1.4 支持文件（Support file）

支持文件目录是放置可重用配置例如底层通用函数或全局默认配置的绝佳地方。

支持文件默认位于 cypress/support/index.js 中，但可以配置到另一个目录。为了方便起见，在每个测试文件运行之前，Cypress 都会自动加载支持文件 cypress/support/index.js。

使用支持文件非常简单，只需要在 cypress/support/index.js 文件里添加 beforeEach( )函数即可。例如增加下列代码到 cypress/support/index.js 中，将能实现每次测试运行前打印出所有的环境变量信息。

```
beforeEach(function ( ) {
    cy.log(`当前环境变量为${JSON.stringify(Cypress.env( ))}`)
})
```

以上就是 Cypress 的文件结构及各文件夹的作用。了解 Cypress 的文件结构有助于我们更深入地理解 Cypress。

4.2 自定义 Cypress

4.1 节介绍了 Cypress 的默认文件结构。事实上，Cypress 不仅支持用户自定义文件结构，还支持用户自定义 Cypress 的各项配置。Cypress 通过 cypress.json 文件来实现各项配置的自定义。

当一个项目被添加到 Cypress 中后，cypress.json 文件就会被创建在与 Cypress 同级的目录下。cypress.json 文件用来保存 projectId（只有当你设置了要录制的测试项目后才起作用）和任何用户定义的配置信息。

- 全局配置项

表 4-1 列出了 Cypress 支持更改的所有全局配置项及其默认值。

表 4-1

配置项	默认值	描述
baseUrl	null	前缀的 URL。cy.visit( )或 cy.request( )命令经常会用。它的值通常被设置为系统主域名
env	{}	任何想用作环境变量的变量都可以设置在 env 里
ignoreTestFiles	*.hot-update.js	忽略某些测试用例。被此选项规则匹配的测试用例不会被执行
numTestsKeptInMemory	50	保留在内存中的测试用例（主要是快照和命令数据）条数。默认值为 50。此数字过大将消耗大量内存
port	null	Cypress 占用的端口号。默认随机生成
reporter	spec	在 Cypress 运行期间使用哪个 reporter。有 Mocha 内置的 reporter，teamcity 和 junit 等
reporterOptions	null	reporter 支持的选项配置
testFiles	**/*.*	要加载的测试文件，可以指定具体文件，也可模糊匹配
watchForFileChanges	true	Cypress 在运行中自动检测文件变化，当有变化发生时候，自动重新运行受影响的测试用例

- 超时（Timeouts）

超时是必须要了解的核心概念，表 4-2 列出了所有的超时选项及其默认值。

表 4-2

配置项	默认值	描述
defaultCommandTimeout	4000	命令默认超时时间（以毫秒为单位）
execTimeout	60000	在 cy.exec( )命令期间，等待系统命令完成执行的超时时间（以毫秒为单位）
taskTimeout	60000	在 cy.task( )命令期间，等待任务完成执行的超时时间（以毫秒为单位）
pageLoadTimeoutpage	60000	等待页面加载或 cy.visit( )，cy.go( )，cy.reload( )命令触发其页面加载事件的超时时间（以毫秒为单位）
requestTimeout	5000	等待 cy.wait( )命令中的 XHR 请求发出的超时时间（以毫秒为单位）
responseTimeout	30000	如下命令的响应超时时间（以毫秒为单位）：cy.request( )，cy.wait( )，cy.fixture( )，cy.getCookie( )，cy.getCookies( )，cy.setCookie( )，cy.clearCookie( )，cy.clearCookies( )，和 cy.screenshot( )

- 文件夹 / 文件

相对于默认文件结构来说，Cypress 支持用户自定义的文件结构，表 4-3 列出了所有的文件夹/文件配置。

表 4-3

配置项	默认值	描述
fileServerFolder	项目根目录	fileserver 目录
fixturesFolder	cypress/fixtures	测试夹具默认文件夹。可更改默认值为 false 来禁用它
integrationFolder	cypress/integration	测试用例默认文件夹
pluginsFile	cypress/plugins/index.js	插件默认文件夹。可更改默认值为 false 来禁用它
supportFile	cypress/support/index.js	测试加载之前要加载的路径。通常在此存储可重用的配置。可更改默认值为 false 来禁用它
videosFolder	cypress/videos	运行期间将视频保存到的文件夹的路径
screenshotsFolder	cypress/screenshots	由测试失败或者 cy.screenshot( )命令引发的截图，默认文件夹所在

- 可视视图

Cypress 在 Test Runner 中运行时，会显示一个可视视图，表 4-4 列出了其中的可配置项。

表 4-4

配置项	默认值	描述
viewportHeight	660	被测应用程序视图下应用程序的默认高度（以像素为单位）（可使用 cy.viewport( )命令覆盖）
viewportWidth	1000	被测应用程序视图下应用程序的默认宽度（以像素为单位）（可使用 cy.viewport( )命令覆盖）

以上是 Cypress 常用到的配置项，更多配置项及其含义，请参考 cypress.io。

- Cypress.config( )

除了直接在 cypress.json 文件里更改配置项之外，Cypress 还允许我们通过 Cypress.config( )去获取或者覆盖某些配置项。Cypress.config( )的语法如下：

```
//获取所有 config 信息
Cypress.config( )
//获取指定配置项的信息
Cypress.config(name)
//更改指定配置项的默认值
Cypress.config(name, value)
//使用对象字面量（object literal）设置多个配置项
Cypress.config(object)
```

例如：加下列代码到 cypress/support/index.js 中，将能实现每次测试运行前打印出所有的配置信息。

```
//cypress/support/index.js
beforeEach(function ( ) {
    cy.log(`当前环境变量为${JSON.stringify(Cypress.config( ))}`)
})
```

在 Integration 文件夹下新建 testConfig.js 文件。

```
//testConfig.js
///<reference types="cypress" />

describe('测试 Cypress.config', function ( ) {

    it('测试取值和设置值', function ( ) {
        //获取 pageLoadTimeout，默认 60000
        cy.log(`pageLoadTimeout 默认值是：${Cypress.config('pageLoadTimeout')}`)
        //设置 pageLoadTimeout 为 10000
        Cypress.config('pageLoadTimeout', 10000)
        //再次读取 pageLoadTimeout 值
```

```
        cy.log(`pageLoadTimeout 当前值是：
${Cypress.config('pageLoadTimeout')}`)
    })
})
```

运行 testConfig.js 文件，运行结果如图 4-2 所示。

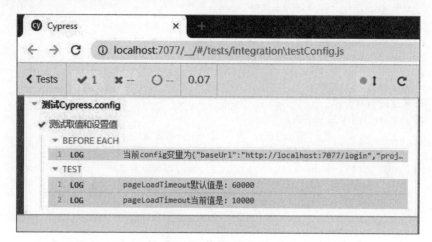

图 4-2 更改配置信息

4.3 重试机制

重试（Retry-ability）是 Cypress 的核心概念之一。了解重试的概念，有助于我们写出更加健壮的测试。

4.3.1 命令和断言

命令和断言是在 Cypress 测试中经常被调用的两种类型。仍以 testLogin.js 为例，整个测试包括 9 个命令和 2 个断言。

```
//testLogin.js
///<reference types="cypress" />

describe('登录', function ( ) {
  //此用户名和密码为本地服务器默认
  const username = 'jane.lane'
  const password = 'password123'

  context('HTML 表单登录测试', function ( ) {
```

```
it('登录成功, 跳转到dashboard页', function ( ) {
  //1个visit命令
  cy.visit('http://localhost:7077/login')
   //1个get命令, 一个type命令
  cy.get('input[name=username]').type(username)
  //1个get命令, 一个type命令
  cy.get('input[name=password]').type(password)
  //1个get命令, 一个submit命令
  cy.get('form').submit( )

  //验证登录成功则跳转到/dashboard页面
  //验证用户名存在
  //一个url命令, 一个断言
  cy.url( ).should('include', '/dashboard')
   //一个get命令, 一个断言
  cy.get('h1').should('contain', 'jane.lane')
  })
 })
})
```

我们看一下最后一个断言,检查标签为"h1"的元素中是否包含"jane.lane"。断言的一般步骤为用命令 cy.get( )查询应用程序的 DOM,找到与选择器匹配的元素,然后针对匹配到的元素或元素列表进行断言尝试(在我们的示例中为.should('contain', 'jane.lane'))。

由于现代 web 应用程序几乎都是异步的,请试想一下如下情况:

如果断言发生时应用程序尚未更新 DOM 怎么办?

如果断言发生时应用程序正在等待其后端响应,而导致页面暂无结果怎么办?

如果断言发生时应用程序正在进行密集计算,而导致页面未及时更新怎么办?

这些情况在现实测试中经常会发生,一般的处理方式是在断言前加个固定等待时间(通常硬编码,但仍有可能会发生测试失败),但 Cypress 更加智能。在实际运行中,如果 cy.get( )命令之后的断言通过,则该命令成功完成。如果 cy.get( )命令后面的断言失败,则 cy.get( )命令将重新查询应用程序的 DOM。然后,Cypress 将尝试对 cy.get( )返回的元素进行断言。如果断言仍然失败,则 cy.get( )将尝试重新查询 DOM,依此类推,直到断言成功或者 cy.get( )命令超时为止。

与其他的测试框架相比,Cypress 的这种"自动"重试能力避免了在测试代码中编写硬编码(hard code)等待,使测试代码更加健壮。

4.3.2 多重断言

在日常的测试中，有时候需要多重断言，即单个命令后跟多个断言。在断言时，Cypress 将按顺序重试每个命令。即当第一个断言通过后，在进行第二个断言时仍会重试第一个断言。当第一和第二断言通过后，在进行第三个断言时会重试第一和第二个断言，依此类推。

假设一个下拉列表，存在两个选项，第一个选项是"iTesting"，第二个选项是"testerTalk"。我们需要验证这两个选项存在，并且顺序正确，则代码片段如下：

```
cy.get('.list > li')                    //命令
  .should('have.length', 2)             //断言
  .and(($li) => {
      //更多断言
      //期望下拉列表的第一个选项的 textContent 是"iTesting"
      expect($li.get(0).textContent,'first item').to.equal('iTesting')
      //期望下拉列表的第二个选项的 textContent 是"testerTalk"
      expect($li.get(1).textContent,'second item').to.equal('testerTalk')
  })
```

可以看到，上述代码共有三个断言，分别是一个.should( )和两个 expect( )断言（.and( )断言实际上是.should( )断言的别名，它是.should( )的自定义回调断言，其中包含两个 expect( )断言）。在测试执行过程中，如果第二个断言失败了，第三个断言就永远不会执行，如果导致第二个断言失败的原因被找到且修复了，且此时整个命令还没有超时，那么在进行第三个断言前，会再次重试第一和第二个断言。

4.3.3 重试（Retry-ability）的条件

Cypress 并不会重试所有的命令，当命令可能改变被测应用程序的状态时，这些命令将不会被重试（例如.click( )命令不会被重试）。

Cypress 仅会重试那些查询 DOM 的命令：cy.get( )、.find( )、.contains( )等。你可以通过查看其 API 文档中的"Assertions"部分来检查是否重试了特定命令。例如，.first( )命令将会一直重试，直到紧跟该命令后的所有断言都通过为止。

表 4-5 列出了一些常用的可重试命令。

表 4-5

命 令	命 令	命 令
.get( )	.last( )	.ParentsUntil( )
.invoke( )	.children( )	.prev( )
.contains( )	.next( )	.prevAll( )
.find( )	.nextAll( )	.prevUntil( )
.filter( )	.nextUntil( )	.focused( )
.its( )	.not( )	.hash( )
.eq( )	.parent( )	.closest( )
.first( )	.parents( )	.document( )

重试的超时时间是 4 秒，配置项是 defaultCommandTimeout，如果想更改自动重试的默认时间，在 cypress.json 里更改相应字段即可。

4.4 测试报告

测试报告对于测试框架的重要性不言而喻。Cypress 的测试报告模块脱胎于 Mocha 的测试报告，故任何 Mocha 支持的测试报告均可直接用于 Cypress。下面将演示 Cypress 支持的测试报告类型。在演示之前，请确保本地服务已经启动。

```
#命令行方式下进入待测试子项目 logging-in__html-web-forms
C:\Users\Administrator>E:
E:\>cd cypress-example-recipes
E:\cypress-example-recipes>cd examples/logging-in__html-web-forms

#启动本地 Server
E:\cypress-example-recipes\examples\logging-in__html-web-forms>npm start
```

4.4.1 内置的测试报告

内置的测试报告包括 Mocha 的内置测试报告和直接嵌入在 Cypress 中的测试报告，主要有以下几种。

- spec 格式报告

spec 格式是 Mocha 的内置报告，它的输出是一个嵌套的分级视图。在 Cypress 中使用 spec 格式的报告非常简单，你只需要在命令行运行时加上 "--reporter=spec"

参数即可（请确保你已在 package.json 文件的 scripts 模块加入了如下键值对 "cypress:run": "cypress run"）。

```
#进入项目根目录（本例为E:\Cypress）
C:\Users\Administrator>E:
E:\>cd Cypress

# 指定 reporter 为 spec
E:\Cypress>yarn cypress:run --reporter=spec
```

运行完成后，测试报告如图 4-3 所示。

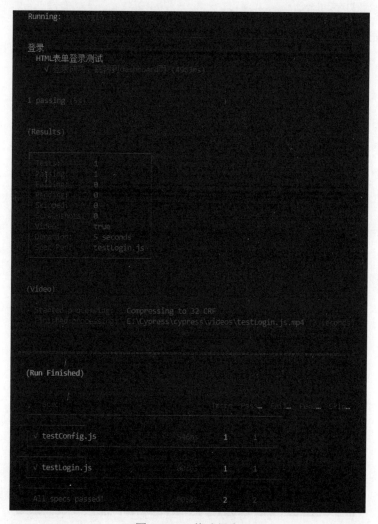

图 4-3 spec 格式报告

- json 格式报告

json 测试报告格式将输出一个大的 JSON 对象。同样的，在 Cypress 中使用 json 格式的测试报告，只需要在命令行运行时加上"--reporter=json"参数即可（请确保已在 package.json 文件的 scripts 模块加入了键值对"cypress:run": "cypress run"）。

```
#进入项目根目录（本例为 E:\Cypress）
C:\Users\Administrator>E:
E:\>cd Cypress
# 指定 reporter 为 spec
E:\Cypress> yarn cypress:run --reporter=json --reporter-options
"toConsole=true"
```

运行完成后，测试报告如图 4-4 所示。

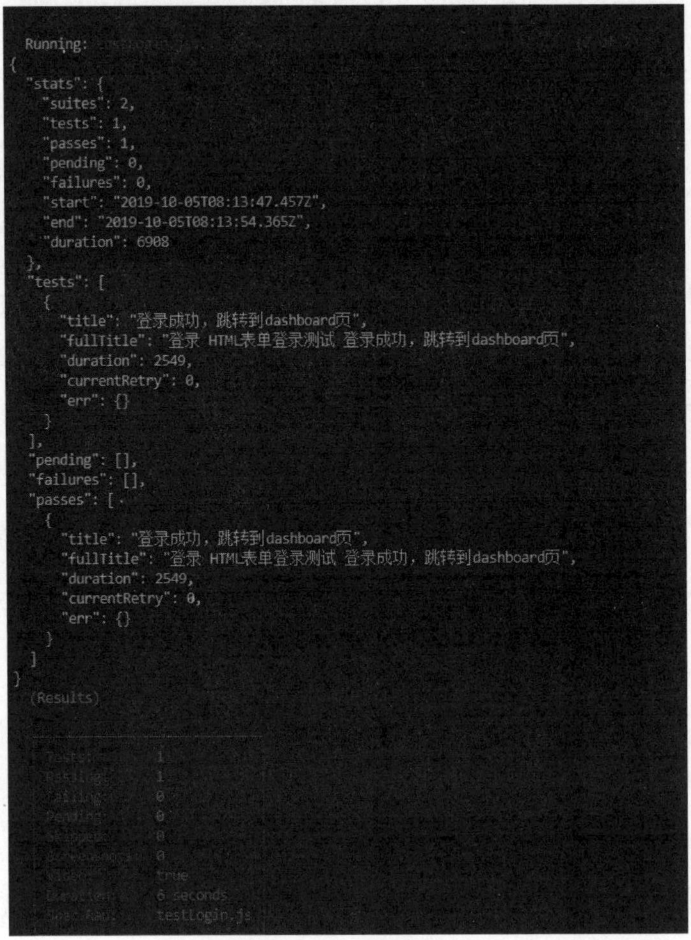

图 4-4 json 格式报告

- junit 格式报告

junit 测试报告格式将输出一个 xml 文件。在 Cypress 中使用 junit 格式的测试报告，只需要在命令行运行时加上"--reporter=junit"参数即可（请确保已在 package.json 文件的 scripts 模块加入了如下键值对"cypress:run": "cypress run"）。

```
#进入项目根目录（本例为E:\Cypress）
C:\Users\Administrator>E:
E:\>cd Cypress
#指定 reporter 为 spec
E:\Cypress> yarn cypress:run --reporter junit --reporter-options "mochaFile=results/test-output.xml,toConsole=true"
```

运行完成后，测试报告"test-output.xml"会生成在项目根目录下的 results 文件夹内，同时 console 上也会展示，如图 4-5 所示。

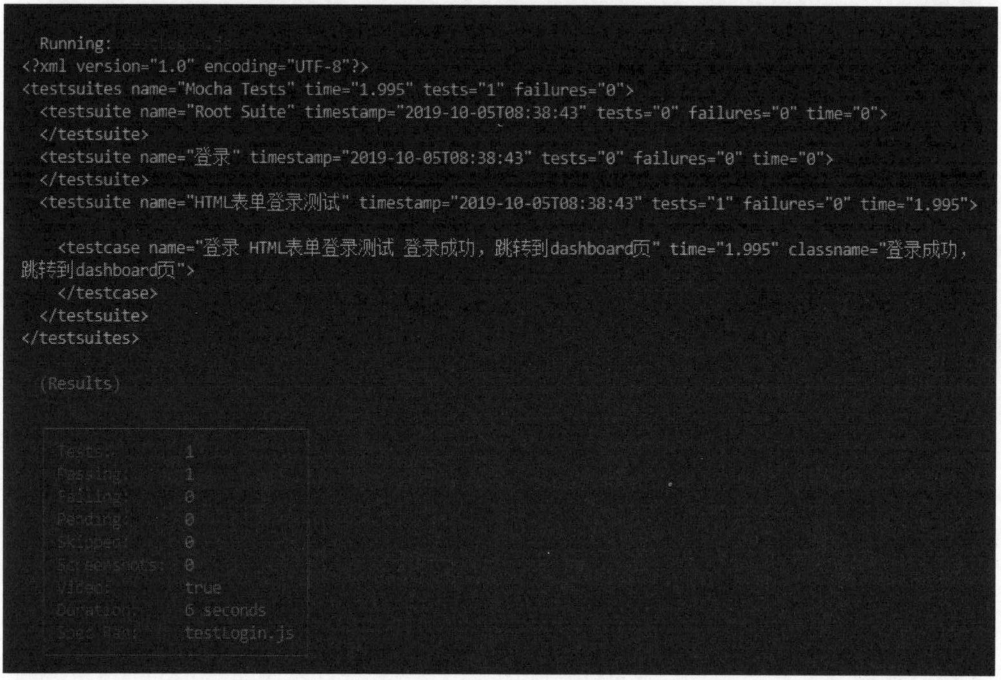

图 4-5 junit 格式报告

4.4.2 自定义的测试报告

除了内置的测试报告，Cypress 也支持用户自定义报告格式。

- Mochawesome 报告

Mochawesome 是与 JavaScript 测试框架 Mocha 一起使用的自定义报告程序。它运行在 Node.js（>=8）上，并与 mochawesome-report-generator 结合使用以生成独立的 HTML/CSS 报告，以帮助可视化测试运行。

在 Cypress 中使用 Mochawesome 报告的步骤如下。

（1）将 Mocha，Mochawesome 添加至你的项目。需要注意的是，Mocha 6.0 引入了一个 bug，导致自定义报告在 Cypress 中会出错，故需要将 Mocha 版本固定在 5.2.0。

```
#进入项目根目录（本例为E:\Cypress）
C:\Users\Administrator>E:
E:\>cd Cypress
#安装 mocha, mochawesome
E:\Cypress>npm install --save-dev mocha@5.2.0
E:\Cypress>npm install --save-dev mochawesome
```

（2）在命令行切换目录至项目根目录，执行命令"yarn cypress:run --reporter mochawesome"。

```
#进入项目根目录（本例为E:\Cypress）
C:\Users\Administrator>E:
E:\>cd Cypress

# 指定 reporter 为 iTesting-custom
E:\Cypress>yarn cypress:run --reporter mochawesome
```

运行完成后，测试报告文件夹"mochawesome-report"会生成在项目根目录下（E:\Cypress），如图 4-6 所示。

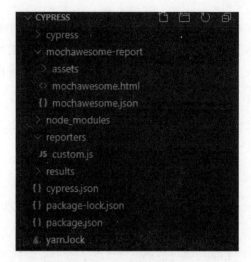

图 4-6 测试报告文件夹

用浏览器打开"mochawesome.html"文件,可以看到 mochawesome 报告,如图 4-7 所示。

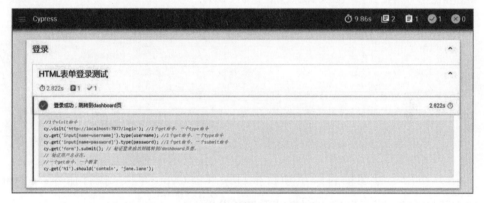

图 4-7 mochawesome 报告

- 用户自定义报告

自定义测试报告的步骤如下。

(1)在 cypress.json 文件中配置 reporter 选项,指定 reporter 文件位置。例如本例中把 reporter 定义在"iTesting-custom.js"文件中。

```
{
  "reporter": "reporters/iTesting-custom.js"
}
```

（2）编写你的自定义报告文件。在项目根目录下的 cypress 文件夹下（本例为 E:\Cypress\cypress），创建 reporter 文件夹，并新建一个文件，命名为"iTesting-custom.js"，代码如下（此自定义报告扩展了内置报告，仅更改了用例成功的显示样式）。

```javascript
var mocha = require('mocha');
module.exports = MyReporter;

function MyReporter(runner) {
  mocha.reporters.Base.call(this, runner);
  var passes = 0;
  var failures = 0;

  runner.on('pass', function(test) {
    passes++;
    console.log('pass: %s', test.fullTitle( ));
  });

  runner.on('fail', function(test, err) {
    failures++;
    console.log('fail: %s -- error: %s', test.fullTitle( ),
err.message);
  });

  runner.on('end', function( ) {
    console.log('用户自定义报告: %d/%d', passes, passes + failures);
  });
}
```

（3）在命令行切换目录至项目根目录（E:\Cypress），执行命令："yarn cypress:run--reporter./reporters/iTesting-custom.js"。

```
#进入项目根目录（本例为E:\Cypress）
C:\Users\Administrator>E:
E:\>cd Cypress

# 指定 reporter 为 iTesting-custom，生成自定义测试报告
E:\Cypress>yarn cypress:run --reporter ./reporters/iTesting-custom.js
```

测试运行结束，用户自定义报告会显示在 Console 里，如图 4-8 所示。

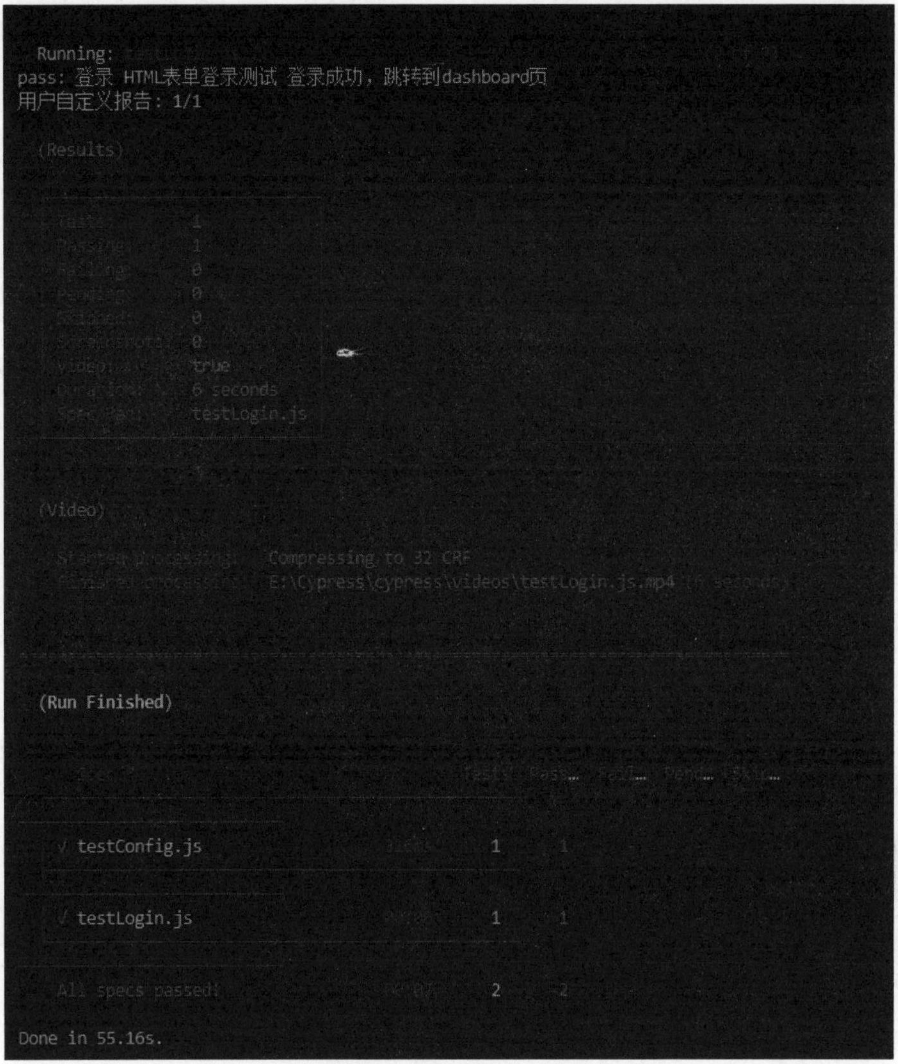

图 4-8 用户自定义报告

4.4.3 生成混合测试报告

Cypress 除了支持单个测试报告，还支持混合测试报告。用户通常希望看到多个报告，比如测试在 CI 中运行时，用户既想生成 junit 格式的报告，又想在测试运行时实时看到测试输出。

Cypress 官方推荐使用"mocha-multi-reporters"来生成混合测试报告。使用"mocha-multi-reporters"的步骤如下。

（1）将 mocha，mocha-multi-reporters,mocha-junit-reporter 添加至你的项目。

```
#进入项目根目录（本例为E:\Cypress）
C:\Users\Administrator>E:
E:\>cd Cypress

#安装mocha, mocha-multi-reporters, mocha-junit-reporter，如已安装则可略过
E:\Cypress>npm install --save-dev mocha@5.2.0
E:\Cypress>npm install mocha-multi-reporters --save-dev
E:\Cypress>npm install mocha-junit-reporter --save-dev
```

（2）在 E:\Cypress\cypress 文件夹下，创建 reporters 文件夹，并新建一个文件，命名为"custom.json"，增加如下内容。

```
{
    "reporterEnabled": "spec, json, mocha-junit-reporter",
    "reporterOptions": {
      "mochaFile": "cypress/results/iTesting -custom-[hash].xml"
    }
}
```

（3）在 E:\Cypress 文件下，执行命令：

"yarn cypress:run--reporter mocha-multi-reporters --reporter-options configFile=./reporters/ custom.json"。

```
#进入项目根目录（本例为E:\Cypress）
C:\Users\Administrator>E:
E:\>cd Cypress

#生成mocha-multi-reporters报告
E:\Cypress>yarn cypress:run --reporter mocha-multi-reporters --
reporter-options configFile=./reporters/custom.json
```

运行完成后，测试报告文件夹"results"会生成在项目根目录下，同时，json 格式的报告也在运行中显示在 console 里，如图 4-9 所示。

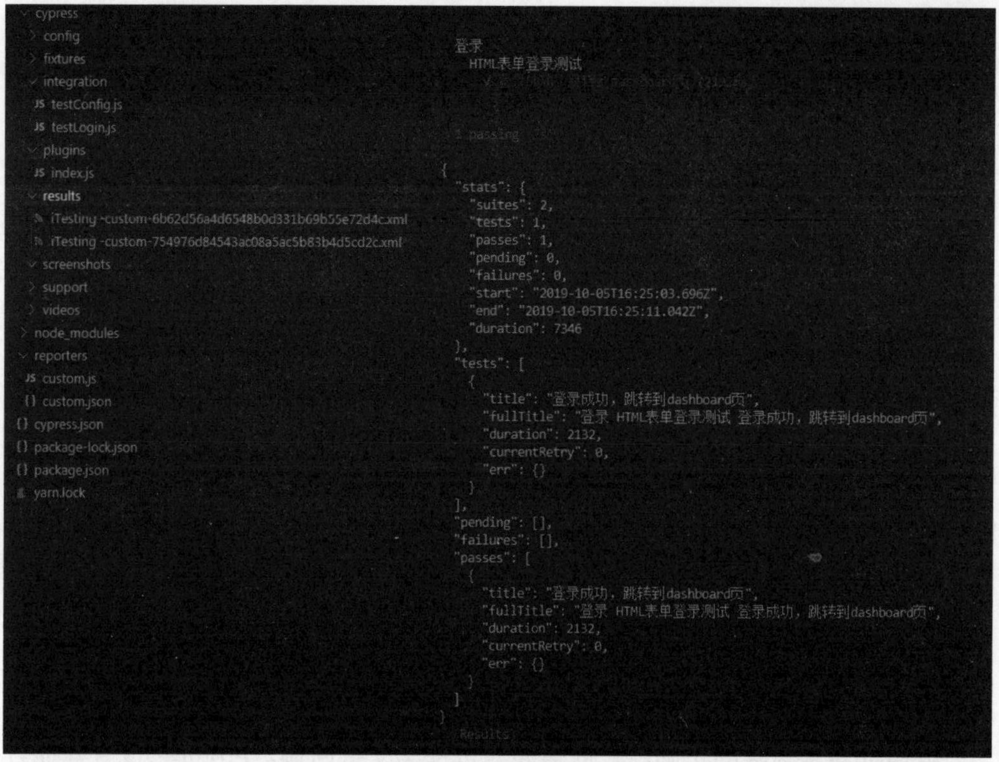

图 4-9 混合格式测试报告

当用户运行完一次测试（可能包括多个 spec），用户希望看到一个完整的测试报告文件，而不是分割开来的独立文件。特别地，对于生成的 HTML 格式报告来说，用户希望能整合在同一个报告中，Cypress 也提供了高阶的方法来满足此需求，笔者将在后续的 Cypress 进阶部分详细介绍。

第5章 测试用例的组织和编写

5.1 Mocha 介绍

Cypress 底层依赖于很多优秀的开源测试库，其中就包含 Mocha。Mocha 是一个适用于 Node.js 和浏览器的测试框架。它使异步测试变得简单、灵活和有趣。

众所周知，区别于其他语言，JavaScript 是单线程异步执行的（其原理参见第 1 章介绍），这样就使测试变得复杂，因为我们无法像测试同步执行的代码那样，直接判断函数的返回值是否符合预期（因为给函数赋值时函数可能并未执行）。

要验证异步函数的正确性，就需要测试框架支持回调、Promise 或者其他方式来验证异步函数的正确性。Mocha 提供了出色的异步支持包括 Promise，从而使异步测试变得简单。

Cypress 继承并扩展了 Mocha 对异步的支持。

Mocha 还提供了多种接口来定义测试套件，Hooks 和单个测试（Individual tests），即：BDD（Behavior-Driven Development，行为驱动开发）、TDD（Test-Driven Development、测试驱动开发）、Exports、QUnit 和 Require。

Cypress 采纳了 Mocha 的 BDD 语法，该语法非常适合集成测试和单元测试。在 Mocha 中，一个 BDD 风格的测试用例看起来是这样的：

```
describe('列表元素测试', function( ) {
    before(function( ) {
      //测试前置动作
    });

    describe('#indexOf( )', function( ) {
      context('当元素找不到时', function( ) {
        it('不应该抛错', function( ) {
          (function( ) {
```

```
        [1, 2, 3].indexOf(4);
      }.should.not.throw( ));
    });
    it('应该返回-1', function( ) {
      [1, 2, 3].indexOf(4).should.equal(-1);
    });
  });
  context('当元素能找到时', function( ) {
    it('应该返回该元素第一次在列表中出现的位置', function( ) {
      [1, 2, 3].indexOf(3).should.equal(2);
    });
  });
});

after(function( ) {
    //测试后置动作
  });
});
```

Cypress 将 Mocha 硬编码在自己的框架中，在 Cypress 中，你要编写的所有测试用例都基于 Mocha 提供的如下基本功能模块：

- describe( )
- context( )
- it( )
- before( )
- beforeEach( )
- afterEach( )
- after( )
- .only( )
- .skip( )

对于一条可执行的测试来说，有以下两个必要的组成部分：

- describe( )

测试套件。可以在里面可以设定 context( )，可包括多个测试用例 it( )，也可以嵌套测试套件。

- it( )

用于描述测试用例。一个测试套件可以不包括任何钩子函数（Hook），但必须包含至少一个测试用例 it( )。

除这两个功能模块外，其他功能模块对于一条可执行的测试来说，都是可选的。例如 context( )是 describe( )的别名，其行为方式与 describe( )相同，使用 context( )只是提供一种使测试更易于阅读和组织的方法。

5.2 钩子函数（Hook）

Hook，常被翻译成钩子函数。Mocha 提供了如下四种钩子函数。
- before( )
- after( )
- beforeEach( )
- afterEach( )

看起来像不像单元测试框架 JUnit 中的测试注解和 unittest 中的测试脚手架（Test Fixtures）？其实钩子函数跟它们的作用是一样的，利用钩子函数可以在测试开始时设置测试的先决条件（例如准备测试数据）或者测试结束后对测试环境进行清理（例如清理 DB）。钩子函数的用法如下：

```
describe('钩子函数', function( ) {
  before(function( ) {
    //当前测试套件中，所有测试用例执行之前运行
  });

  after(function( ) {
    //当前测试套件中，所有测试用例执行结束后运行
  });

  beforeEach(function( ) {
    //当前测试套件中，每个测试用例执行之前都会运行
  });

  afterEach(function( ) {
    //当前测试套件中，每个测试用例执行结束后都会运行
  });

  //测试用例
});
```

1. before( )

before( )是所有测试用例的统一前置动作。before( )在一个 describe( )内只会

执行一次，它的执行顺序在所有的测试用例 it( )之前。

在 E:\Cypress\cypress\integration 文件夹下，新建一个 testLoginBefore.js 文件，代码如下：

```
//testLoginBefore.js
///<reference types="cypress" />
describe('登录', function ( ) {
    //此用户名和密码为本地服务器默认
    const username = 'jane.lane'
    const password = 'password123'

    before(function( ){
        cy.log('测试前的数据准备')
    })

    context('HTML 表单登录测试', function ( ) {

        it('登录成功，跳转到 dashboard 页', function ( ) {
            cy.visit('http://localhost:7077/login')
            cy.get('input[name=username]').type(username)
            cy.get('input[name=password]').type(password)
            cy.get('form').submit( )

            //验证登录成功则跳转到/dashboard 页面
            cy.get('h1').should('contain', 'jane.lane')
        })

        it('新增测试，验证 after( )只执行一次', function ( ) {
            expect(1).to.equal(1)
        })
    })
})
```

打开命令行，启动本地服务以便测试[①]。

```
#命令行方式下进入待测试子项目 logging-in__html-web-forms
C:\Users\Administrator>E:
E:\>cd cypress-example-recipes
E:\cypress-example-recipes>cd examples/logging-in__html-web-forms
```

---

① 如未特别说明，运行本章中的其他测试时，应确保此本地服务处于启动状态。

```
#启动本地 Server
E:\cypress-example-recipes\examples\logging-in__html-web-forms>npm start
```

打开命令行，切换至 E:\Cypress 文件夹下，执行命令"yarn cypress:open"。

```
#进入项目根目录（本例为 E:\Cypress）
C:\Users\Administrator>E:
E:\>cd Cypress
E:\Cypress>yarn cypress:open
```

然后在 Test Runner 中选择测试用例"testLoginBefore.js"，单击运行。运行结束后的截图如图 5-1 所示。

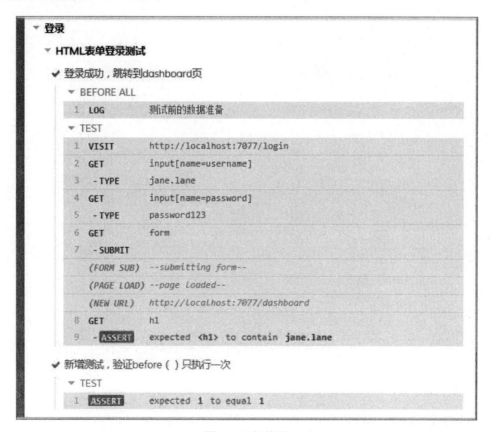

图 5-1 运行结果

可以看到 before（即图中的 BEFORE ALL）只运行了一次，而且是在第一个测试用例开始执行前运行的。

2. after( )

所有测试用例的统一后置动作。after( )在一个 describe( )内只会执行一次，它的执行顺序在所有的测试用例 it( )之后。

在 E:\Cypress\cypress\integration 文件夹下，新建一个 testLoginAfter.js 文件，代码如下：

```
//testLoginAfter.js
///<reference types="cypress" />
describe('登录', function ( ) {
    //此用户名和密码为本地服务器默认
    const username = 'jane.lane'
    const password = 'password123'

    after(function( ){
       cy.log('测试后的数据清理')
    })

    context('HTML 表单登录测试', function ( ) {

      it('登录成功，跳转到dashboard页', function ( ) {
         cy.visit('http://localhost:7077/login')
         cy.get('input[name=username]').type(username)
         cy.get('input[name=password]').type(password)
         cy.get('form').submit( )

         //验证登录成功则跳转到/dashboard 页面
         cy.get('h1').should('contain', 'jane.lane')
      })

      it('新增测试，验证after( )只执行一次', function ( ) {
         expect(1).to.equal(1)
      })
    })
})
```

打开命令行，切换当前目录至 E:\Cypress 文件夹下，执行命令 "yarn cypress: open"。

```
#进入项目根目录（本例为 E:\Cypress）
C:\Users\Administrator>E:
E:\>cd Cypress
E:\Cypress>yarn cypress:open
```

然后在 Test Runner 中选择测试用例"testLoginAfter.js",单击运行。运行结束后的截图如图 5-2 所示。

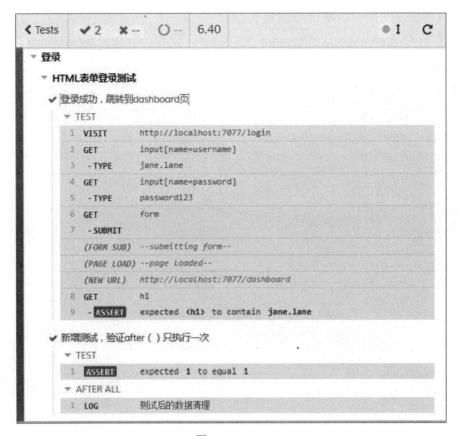

图 5-2 after all

可以看到 after(即图中的 AFTER ALL)只运行了一次,而且是在最后一个测试用例执行结束后才运行的。

3. beforeEach( )

每个测试用例的前置动作,在每个测试用例执行前执行。一个 describe( )内,有几个测试用例 it( )就会执行几次 beforeEach( )。

在 E:\Cypress\cypress\integration 文件夹下,新建一个 testLoginBeforeEach.js 文件,代码如下:

```
//testLoginBeforeEach.js
///<reference types="cypress" />
```

```javascript
describe('登录', function ( ) {
  //此用户名和密码为本地服务器默认
  const username = 'jane.lane'
  const password = 'password123'

  beforeEach(function( ){
    cy.log('测试前的数据准备')
  })

  context('HTML 表单登录测试', function ( ) {

    it('登录成功，跳转到dashboard页', function ( ) {
      //1个visit 命令
      cy.visit('http://localhost:7077/login')
      //1个get 命令，一个type 命令
      cy.get('input[name=username]').type(username)
      //1个get 命令，一个type 命令
      cy.get('input[name=password]').type(password)
      //1个get 命令，一个submit 命令
      cy.get('form').submit( )

      //验证登录成功则跳转到/dashboard 页面
      //验证用户名存在

      //一个get 命令，一个断言
      cy.get('h1').should('contain', 'jane.lane')
    })、

    it('新增测试，验证beforeEach( )执行次数跟测试用例个数相同', function ( ) {
      expect(1).to.equal(1)
    })
  })
})
```

打开命令行，切换当前目录至 E:\Cypress 文件夹下，执行命令 "yarn cypress: open"。

```
#进入项目根目录（本例为E:\Cypress）
C:\Users\Administrator>E:
E:\>cd Cypress
E:\Cypress>yarn cypress:open
```

然后在 Test Runner 中选择测试用例 "testLoginBeforeEach.js"，单击运行。

运行结束后的截图如图 5-3 所示。

图 5-3 beforeEach 每条用例运行前运行

可以看到 beforeEach（即图中的 BEFORE EACH）运行了两次，而且是在每一个测试用例开始执行前运行的。

4. afterEach( )

每个测试用例的后置动作，在每个测试用例执行后执行。一个 describe( )内，有几个测试用例 it( )就会执行几次 afterEach( )。

在 E:\Cypress\cypress\integration 文件夹下，新建一个 testLoginAfterEach.js 文件，代码如下：

```
//testLoginAfterEach.js
///<reference types="cypress" />
```

```
describe('登录', function ( ) {
  //此用户名和密码为本地服务器默认
  const username = 'jane.lane'
  const password = 'password123'

  afterEach(function( ){
    cy.log('测试后的数据清理')
  })

  context('HTML 表单登录测试', function ( ) {

    it('登录成功,跳转到 dashboard 页', function ( ) {
      //1 个 visit 命令
      cy.visit('http://localhost:7077/login')
      //1 个 get 命令,一个 type 命令
      cy.get('input[name=username]').type(username)
      //1 个 get 命令,一个 type 命令
      cy.get('input[name=password]').type(password)
      //1 个 get 命令,一个 submit 命令
      cy.get('form').submit( )

      //验证登录成功则跳转到/dashboard 页面
      //验证用户名存在

      //一个 get 命令,一个断言
      cy.get('h1').should('contain', 'jane.lane')
    })

    it('新增测试,验证 afterEach( )执行次数跟测试用例个数相同', function ( ) {
      expect(1).to.equal(1)
    })
  })
})
```

打开命令行,切换当前目录至 E:\Cypress 文件夹下,执行命令 "yarn cypress: open"。

```
#进入项目根目录(本例为 E:\Cypress)
C:\Users\Administrator>E:
E:\>cd Cypress
E:\Cypress>yarn cypress:open
```

然后在 Test Runner 中选择测试用例 "testLoginAfterEach.js",单击运行。

运行结束后的截图如图 5-4 所示。

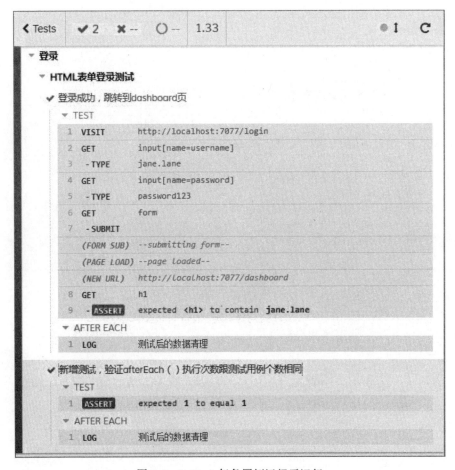

图 5-4 afterEach 每条用例运行后运行

可以看到 afterEach（即图中的 AFTER EACH）运行了两次，而且是在每一个测试用例执行结束后才运行的。

5.3 排除或包含测试用例

5.2 节介绍了钩子函数，它可以把测试需要的前置条件和后置任务剥离出来，从而使测试用例 it( )聚焦在测试本身。而在编写、调试测试用例的过程中，用户常常会希望忽略某些具体的测试套件/测试用例，或者只运行某些具体的测试套件/测试用例。本节将详细介绍如何排除或者包含某些测试套件/测试用例。

5.3.1 排除测试套件/测试用例

排除测试套件/测试用例可使用功能模块.skip( )。

- 排除测试套件 describe( )

可以用 describe.skip( )来排除无须执行的测试套件。在 E:\Cypress\cypress\integration 文件夹下，新建一个 testSkipDescribe.js 文件，代码如下：

```javascript
///<reference types="cypress" />

//此测试套件整个都不会执行
describe.skip('登录', function ( ) {
    //此用户名和密码为本地服务器默认
    const username = 'jane.lane'
    const password = 'password123'

    context('HTML 表单登录测试', function ( ) {

      it('登录成功，跳转到dashboard页', function ( ) {
        cy.visit('http://localhost:7077/login')
        cy.get('input[name=username]').type(username)
        cy.get('input[name=password]').type(password)
        cy.get('form').submit( )

        //验证登录成功则跳转到/dashboard 页面
        cy.get('h1').should('contain', 'jane.lane')
      })
    })
  })

describe('测试 1=1', function ( ) {
    //只有此测试用例会执行
    it('测试 1=1', function ( ) {
        expect(1).to.equal(1)
        })
    //此测试套件不会执行
    context.skip('排除测试套件',function( ){
      it('测试 1!=2', function( ){
        expect(1).not.to.equal(2)
      })
    })
  })
```

打开命令行，切换当前目录至 E:\Cypress 文件夹下，执行命令"yarn cypress: open"。

```
#进入项目根目录（本例为E:\Cypress）
C:\Users\Administrator>E:
E:\>cd Cypress
E:\Cypress>yarn cypress:open
```

然后在 Test Runner 中选择测试用例"testSkipDescribe.js"，单击运行。运行结束后的截图如图 5-5 所示。

图 5-5 被排除测试套件未运行

可以看到只有第二个测试套件里的 it( )下的测试用例执行了。第一个测试套件和第二个测试套件（context 是 describe 的别名）均没有执行，Cypress 标记为未执行。

- 排除测试用例 it( )

可以用 it.skip( )来排除无须运行的测试用例。在 E:\Cypress\cypress\integration 文件夹下，新建一个 testSkipTest.js 文件，代码如下：

```
///<reference types="cypress" />

describe('登录', function ( ) {
    //此用户名和密码为本地服务器默认
    const username = 'jane.lane'
    const password = 'password123'

    context('HTML 表单登录测试', function ( ) {
```

```
    //此测试用例不会执行
    it.skip('登录成功,跳转到dashboard页', function ( ) {
      cy.visit('http://localhost:7077/login')
      cy.get('input[name=username]').type(username)
      cy.get('input[name=password]').type(password)
      cy.get('form').submit( )

      //验证登录成功则跳转到/dashboard页面
      cy.get('h1').should('contain', 'jane.lane')
    })

    //此测试用例会执行
    it('测试 1!=2', function( ){
      expect(1).not.to.equal(2)
    })
  })
})
```

打开命令行,切换当前目录至 E:\Cypress 文件夹下,执行命令"yarn cypress: open"。

```
#进入项目根目录(本例为E:\Cypress)
C:\Users\Administrator>E:
E:\>cd Cypress
E:\Cypress>yarn cypress:open
```

然后在 Test Runner 中选择测试用例"testSkipTest.js",单击运行。运行结束后的截图如图 5-6 所示。

图 5-6 被排除测试用例未运行

可以看到只有第二个 it( )下的测试用例执行了。第一个测试用例没有执行。

5.3.2 包含测试套件/测试用例

包含测试套件/测试用例可使用功能模块.only( )。需要注意的是，当你用.only( )装饰指定某个测试套件/测试用例时，只有这个测试套件/测试用例会执行，其他未被装饰的测试套件/测试用例不会执行。

- 包含测试套件

可以用 describe.only( )来指定要运行的测试套件。在 E:\Cypress\cypress\integration 文件夹下，新建一个 testOnlyDescribe.js 文件，代码如下：

```
///<reference types="cypress" />
describe.only('登录', function ( ) {
    //此用户名和密码为本地服务器默认
    const username = 'jane.lane'
    const password = 'password123'

    context('HTML 表单登录测试', function ( ) {

      it('登录成功，跳转到dashboard页', function ( ) {
        cy.visit('http://localhost:7077/login')
        cy.get('input[name=username]').type(username)
        cy.get('input[name=password]').type(password)
        cy.get('form').submit( )

        //验证登录成功则跳转到/dashboard 页面
        cy.get('h1').should('contain', 'jane.lane')
      })
    })
  })

describe('测试 1=1', function ( ) {
    it('测试 1=1', function ( ) {
        expect(1).to.equal(1)
        })
    context('包含测试套件',function( ){
      it('测试 1!=2', function( ){
        expect(1).not.to.equal(2)
      })
    })
  })
```

打开命令行，切换当前目录至 E:\Cypress 文件夹下，执行命令"yarn cypress: open"。

```
#进入项目根目录（本例为E:\Cypress）
C:\Users\Administrator>E:
E:\>cd Cypress
E:\Cypress>yarn cypress:open
```

然后在 Test Runner 中选择测试用例"testOnlyDescribe.js"，单击运行。运行结束后的截图如图 5-7 所示。

图 5-7 只运行某些测试套件

可以看到只有第一个测试用例集被执行了，第二个测试用例集没有被执行，也没有显示在 Cypress 的 Test Runner 里。

这里留给大家一个小作业，把第二个测试用例集的 context 更改为 context.only，然后重新运行这个测试，看一看结果是什么。

- 包含测试用例

可以用 it.only( )来指定要运行的测试用例。在 E:\Cypress\cypress\integration 文件夹下，新建一个 testOnlyTest.js 文件，代码如下：

```
///<reference types="cypress" />

describe('登录', function ( ) {
    //此用户名和密码为本地服务器默认
    const username = 'jane.lane'
    const password = 'password123'

    context('HTML 表单登录测试', function ( ) {
        //此条测试不执行
        it.skip('登录成功，跳转到dashboard页', function ( ) {
          cy.visit('http://localhost:7077/login')
          cy.get('input[name=username]').type(username)
          cy.get('input[name=password]').type(password)
          cy.get('form').submit( )

          //验证登录成功则跳转到/dashboard 页面
          cy.get('h1').should('contain', 'jane.lane')
        })

        //整个测试集，只有此条测试会执行
        it.only('测试 1!=2', function( ){
          expect(1).not.to.equal(2)
        })

        //此条测试不执行
        it('测试 1=1', function ( ) {
          expect(1).to.equal(1)
        })
    })
})
```

打开命令行，切换当前目录至 E:\Cypress 文件夹下，执行命令"yarn cypress: open"。

```
#进入项目根目录（本例为 E:\Cypress）
C:\Users\Administrator>E:
E:\>cd Cypress
E:\Cypress>yarn cypress:open
```

然后在 Test Runner 中选择测试用例"testOnlyTest.js"，单击运行。运行结束后的截图如图 5-8 所示。

可以看到只有第二个测试用例被执行了，第三个测试用例没有被执行，即使它没有被.skip( )装饰。没有被执行的测试也没有显示在 Cypress 的 Test Runner 里。

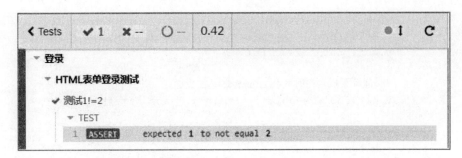

图 5-8 只运行某些测试用例

这里再次留给大家一个小作业,把第三个测试用例的 it 更改为 it.only,然后重新运行这个测试,看一看结果是什么?

在实际的项目中,.skip( )、.only( )通常也会显示在同一个测试 spec 或者测试用例集里,此时应该先看装饰 describe 的是.skip( )还是.only( ),如果是.skip( ),则整个测试用例集都将被忽略;如果是.only( ),则此用例集下,任何没有被.skip( )装饰的测试用例都将被运行,无论测试用例有没有被.only( )装饰;如果 describe 既没有被.skip( )装饰,也没有被.only( )装饰,那么此测试用例集下哪个测试用例会执行就看哪个测试用例被装饰了.only( )。

5.4 动态忽略测试用例

5.3 节介绍了如何忽略/只执行某些测试用例集/测试用例。但在项目实际执行中,还需要在运行中动态地去决定某个测试需要执行与否。

在 E:\Cypress\cypress\integration 文件夹下,新建一个 testDynamicRun.js 文件,代码如下:

```
///<reference types="cypress" />

describe('登录', function ( ) {
    //此用户名和密码为本地服务器默认
    const username = 'jane.lane'
    const password = 'password123'

    context('HTML 表单登录测试', function ( ) {
        //让 runFlag 为 0 时,此条不运行
        it('登录成功,跳转到 dashboard 页', function ( ) {
            if(Cypress.env('runFlag')===1){
                cy.visit('http://localhost:7077/login')
```

```
                cy.get('input[name=username]').type(username)
                cy.get('input[name=password]').type(password)
                cy.get('form').submit( )

                //验证登录成功则跳转到/dashboard 页面
                cy.get('h1').should('contain', 'jane.lane')
            }
            else{
                this.skip( )
                cy.log("runFlag 为 0 时，此句输出不应被执行")
            }
    })

    it('测试 1=1', function ( ) {
      expect(1).to.equal(1)
    })

  })
})
```

打开命令行，切换当前目录至 E:\Cypress 文件夹下，执行命令"yarn cypress: open– env runFlag=0"。

```
#进入项目根目录（本例为 E:\Cypress）
C:\Users\Administrator>E:
E:\>cd Cypress
E:\Cypress>yarn cypress:open -env runFlag=0
```

然后在 Test Runner 中选择测试用例"testDynamicRun.js"，单击运行。运行结束后的截图如图 5-9 所示。

图 5-9 根据 runFlag 运行

可以看到第一个测试用例登录没有被执行，因为用户给定的 runFlag 为 0。需要注意的是，在 this.skip( )语句后不应有别的语句，因为 this.skip( )会终止这条测试，这也是 this.skip( )后面的打印语句未被输出的原因。

5.5 动态生成测试用例

在实际的项目测试中，有时会碰见多条测试用例执行步骤和检查步骤完全一致，只有输入和输出不同的情况，此时，一条一条地手工编写测试用例的效率就比较低下。下面就来介绍一下如何根据数据动态地生成测试用例。

仍以前面几章使用的例子 testLogin.js 为例，假设需要登录通过和登录不通过两个测试用例，则动态生成测试用例的步骤如下。

（1）在 E:\Cypress\cypress\integration 文件夹下，创建一个子目录 autoGenTestLogin，在此目录下新建一个 testLogin.data.js 文件，代码如下：

```
export const testLoginUser = [
    {
        summary: "Login pass",
        username: "jane.lane",
        password: "password123"
    },
    {
        summary: "Login fail",
        username: "iTesting",
        password: "iTesting"
    }
]
```

（2）在子目录 autoGenTestLogin 下，新建一个 testLogin.js 文件，代码如下：

```
///<reference types="cypress" />

import { testLoginUser } from '../autoGenTestLogin/testLogin.data'

describe('登录', function ( ) {
  //此用户名和密码为本地服务器默认
  const username = 'jane.lane'
  const password = 'password123'

  context('HTML 表单登录测试', function ( ) {
    for(const user of testLoginUser){
      it(user.summary, function ( ) {
        cy.visit('http://localhost:7077/login')
```

```
            cy.get('input[name=username]').type(user.username)
            cy.get('input[name=password]').type(user.password)
            cy.get('form').submit( )

            cy.get('h1').should('contain', user.username)
        })
      }
  })
})
```

打开命令行，切换当前目录至 E:\Cypress 文件夹下，执行命令 "yarn cypress: open"。

```
#进入项目根目录（本例为 E:\Cypress）
C:\Users\Administrator>E:
E:\>cd Cypress
E:\Cypress>yarn cypress:open
```

然后在 Test Runner 中选择测试文件夹 autoGenTestLogin 下的用例 "testLogin.js"，单击运行。运行结束后的截图如图 5-10 所示。

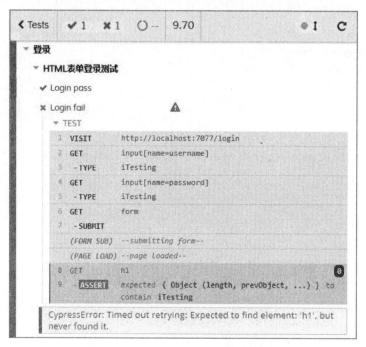

图 5-10 动态生成的测试用例运行情况

可以看到第一条测试用例执行成功，第二条执行失败了（失败是我们期望的结果），因为用户名和密码不正确，所以无法跳转到 dashboard。

根据数据动态生成测试用例，可以提升测试效率，当测试数据本身改变时，无须更改测试代码。

5.6 断言

断言是测试用例的必要组成部分。没有断言，用户就无法感知测试用例的有效性。Cypress 的断言基于当下流行的 Chai 断言库，并且增加了对 Sinon-Chai、Chai-jQuery 断言库的支持。Cypress 支持多种风格的断言，其中就包括 BDD（expect/should）和 TDD（assert）格式的断言。

常见元素的断言有：

- 针对长度（Length）的断言

```
//重试，直到找到 3 个匹配的<li.selected>
cy.get('li.selected').should('have.length', 3)
```

- 针对类（Class）的断言

```
//重试，直到 input 元素没有类被 disabled 为止（或者超时为止）
cy.get('form').find('input').should('not.have.class', 'disabled')
```

- 针对值（Value）的断言

```
//重试，直到 textarea 的值为'iTesting'
cy.get('textarea').should('have.value', 'iTesting')
```

- 针对文本内容（Text Content）的断言

```
//重试，直到这个 spin 不包含"click me"字样
cy.get('a').parent('span.help').should('not.contain', 'click me')
```

- 针对元素可见与否（Visibility）的断言

```
//重试，直到这个 button 是可见为止
cy.get('button').should('be.visible')
```

- 针对元素存在与否（Existence）的断言

```
//重试，直到 id 为 loading 的 spinner 不再存在
cy.get('#loading').should('not.exist')
```

- 针对元素状态（State）的断言

```
//重试，直到这个 radio button 是选中的状态
cy.get(':radio').should('be.checked')
```

- 针对 CSS 的断言

```
//重试，直到 completed 这个类有匹配的 CSS 为止
cy.get('.completed').should('have.css', 'text-decoration', 'line-
through')
```

- 针对回调函数（callback）的断言

假设源 HTML 如下：

```
<div class="main-abc123 heading-xyz987">Introduction</div>
```

如果需要判断类名是否一定含有 heading 字样，则断言如下：

```
cy.get('div')
  .should(($div) => {
    expect($div).to.have.length(1)
    const className = $div[0].className
    //检查类名匹配通配符/heading-/
    expect(className).to.match(/heading-/)
  })
```

在具体的使用上，可以按照习惯选择断言库。更多断言库及其用法，请参考如下网址：

https://github.com/chaijs/chai

https://github.com/domenic/sinon-chai

https://github.com/chaijs/chai-jquery

https://www.chaijs.com/api/assert/

5.7 观察测试运行

测试运行器（Test Runner[①]）是 Cypress 在一众前端测试框架中脱颖而出的一个重要原因。Cypress 使测试在一个独特的交互式运行器中运行测试，使你不仅可以在执行命令时查看这些测试，同时还允许你查看被测应用程序。

---

① Test Runner 是一个库或者工具，它用来挑选一个包含单元测试或者一系列其他设置的测试集合（或源代码目录），然后执行这个集合并将测试结果写入控制台或日志文件。不同的语言有不同的 Test Runner。Test Runner 使创建和执行测试套件更加方便和灵活。

Cypress 测试运行器的界面如图 5-11 所示。

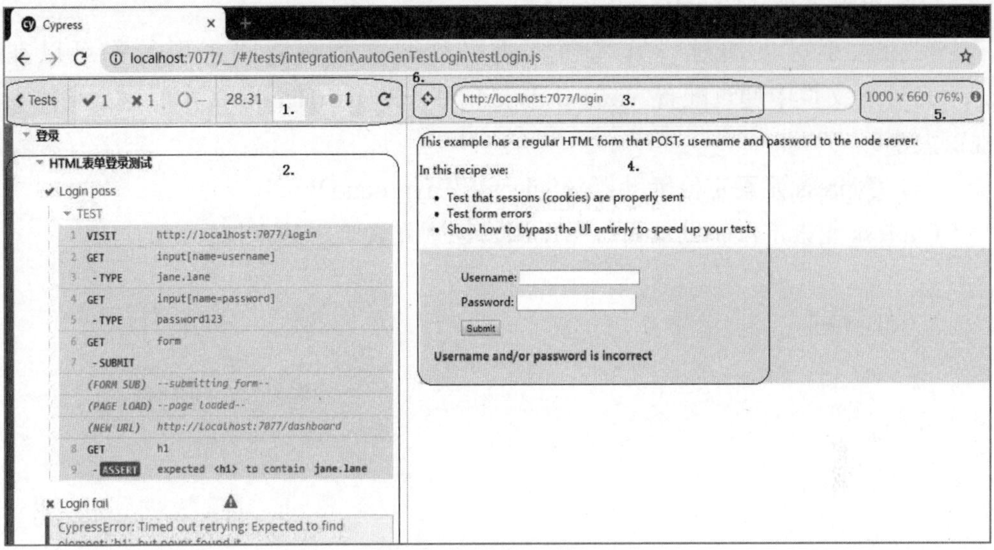

图 5-11 测试运行器的界面

Cypress 自带的交互式测试运行器功能强大，它甚至允许你在测试运行期间就查看测试命令执行情况，并（同时）监控在命令执行时，被测程序所处的状态。Cypress 的测试运行器由如下几个部分组成。

（1）测试状态目录（Test Status Menu）。

测试状态目录用于展示测试用例成功和失败的数目，并且展示每个测试运行的时间。

（2）命令日志（Command Log）。

命令日志用于记录每个被执行的命令。用鼠标单击命令，可在 Console 中查看命令应用于哪个元素及其执行的详细信息，同时应用程序预览（App Preview）中会显示当命令执行时被测应用程序的状态。

对于一些特殊的命令例如 cy.route( )、cy.stub( )和 cy.spy( )，命令日志会展示一个额外的 log 信息方便你了解当前测试的状态。

（3）URL 预览（URL Preview）。

URL 预览用于展示你的测试命令执行时被测应用程序所处的 URL，它能够使你更方便地查看测试路由（Testing Route）。

（4）应用程序预览（App Preview）。

应用程序预览用于展示当测试运行时被测程序所处的实时状态。

（5）视窗大小（ViewPoint Sizing）。

视窗大小可以通过设置视窗大小来测试页面响应式布局。你可以在 cypress.json 文件中通过配置 viewportWidth 和 viewportHeight 两个配置项来控制视窗大小。

（6）Cypress 元素定位辅助器（Selector Playground）。

Cypress 元素定位辅助器可以帮助用户识别元素唯一的定位标识。

第 6 章

Cypress 与元素交互

元素识别与操作是自动化测试框架的基石,本章将着重介绍 Cypress 与元素的交互。

6.1 Cypress 元素定位选择器

你的每一个测试用例都将包含对元素的操作。健壮、可靠的元素定位策略将是测试成功的保障。Cypress 的多种定位策略能够使你聚焦在和元素的交互上而无须过多担心因定位而导致的测试失败。

相对于其他测试框架来说,Cypress 有着独一无二的定位策略,能够使你摆脱元素定位的噩梦。在你以往的测试中,一定遇见过以下类似问题。

(1)应用元素 ID 或者类是动态生成的。

(2)你使用了 CSS 定位策略,但在开发过程中 CSS 样式发生了改变。

这种情况下通常测试会失败。

为解决这个问题,Cypress 提供了 data-*属性。data-*属性包含如下 3 个定位器:

- data-cy
- data-test
- data-testid

它们都是 Cypress 专有的定位器,仅用来测试。data-*属性与元素的行为或样式无关,这意味着即使 CSS 样式或 JS 行为改变也不会导致测试失败。

举例来说,你可以为 button 添加如下属性:

```
//为 button 添加 data-cy 属性
<button id="main" class="btn" data-cy="submit">Submit</button>
//为 button 添加 data-test 属性
<button id="main" class="btn" data-test="submit">Submit</button>
```

```
//为 button 添加 data-testid 属性

<button id="main" class="btn" data-testid="submit">Submit</button>
```

在测试用例中，采用如下方法与元素交互：

```
//使用 data-cy 属性
cy.get('[data-cy=submit]').click( )
//使用 data-test 属性
cy.get('[data-test=submit]').click( )
//使用 data-testid 属性
cy.get('[data-testid=submit]').click( )
```

除了 Cypress 专有选择器外，还可以利用以下常规选择器来定位元素。

- #id 选择器

#id 选择器通过 HTML 元素的 id 属性选取指定的元素。

```
//使用 button 的 id 属性定位
cy.get("#main").click( )
```

- .class 类选择器

类选择器通过 HTML 元素的 class 属性选取指定的元素。

```
//使用 button 的 class 属性定位
cy.get(".btn").click( )
```

- attributes 属性选择器

属性选择器通过 HTML 元素的属性选取指定的元素。

```
//使用 button 的 id 属性定位，也可以写成如下形式
cy.get('button[id="main"]').click( )
```

- :nth-child(n) 选择器

:nth-child(n) 选择器匹配属于其父元素的第 n 个子元素，不论元素的类型。

```
//例如在如下元素中找出 iTesting 并单击
<ul>
  <li>iTesting</li>
  <li>Ray</li>
  <li>Kevin</li>
  <li>Emily</li>
</ul>

//Cypress 查找元素
cy.get('li:nth-child(1)').click( )
```

- Cypress.$定位器

针对难以用普通方式定位的元素，Cypress 还允许使用 jQuery 选择器 Cypress.$(selector) 直接定位。

```
//Cypress 查找元素，selector 使用 id
Cypress.$('#main')
//等同于
cy.get('#main')
```

6.2 Cypress 与页面元素交互

6.2.1 查找页面元素的基本方法

笔者将以如下 DOM 树为例，介绍在 Cypress 中常用的几种定位策略。

```
//DOM 元素如下
<ul>
 <li id="id">iTesting</li>
 <li>Ray</li>
 <li>Kevin</li>
 <li>Emily</li>
</ul>
```

- .find(selector)

.find(selector)方法用来在 DOM 树中搜索被定位的元素的后代，并用匹配元素来构造一个新的 jQuery 对象。

.find(selector)的语法如下：

```
.find(selector)
```

.find(selector)的用法如下：

```
//查找出 iTesting 这个节点
cy.get('ul').find('#id')

//.find( )不能直接链接 cy，以下为错误示范
cy.find('#id')
```

- .get(selector)

.get(selector)方法用来在 DOM 树中查找 selector 对应的元素。

.get(selector)的语法如下:

```
//以选择器定位
.get(selector)
//以别名定位,笔者将在后续章节"Cypress的独特之处"介绍
.get(alias)
```

.get(selector)的用法如下:

```
//仍以上例的DOM树为例,查找出iTesting这个元素
cy.get('#id')
```

- .contains(selector)

.contains(selector)方法用来获取包含文本的DOM元素。

.contains(selector)的语法如下:

```
.contains(content)
.contains(selector, content)
```

.contains (selector)的用法如下:

```
//仍以上例的DOM树为例,查找出iTesting这个元素
//直接查找content
cy.contains('iTesting')

//通过selector查找
cy.contains('li','iTesting')

//通过正则表达式查找
cy.contains(/^i\w+/)
```

6.2.2 查找页面元素的辅助方法

由于现代Web应用程序比较复杂,单一的定位方法往往不能精准地定位到所需元素,Cypress提供了一些辅助方法,可以提高查找元素的准确性。以下是一些常用的辅助方法。

假设存在DOM树如下:

```
//DOM元素如下
<ul>
  <li id="id">iTesting</li>
  <li>Ray</li>
  <li id= "kevin">Kevin</li>
```

```
  <li>Emily</li>
</ul>
```

- .children( )

.children( )方法用来获取 DOM 元素的子元素。

.children( )的语法如下:

```
.children( )
.children(selector)
```

.children( )的用法如下:

```
//以本节中的 DOM 树为例,查找出 ul 的所有子元素
cy.get('ul').children( )

//查找出 iTesting 这个子元素
cy.get('ul').children('#id')
```

- .parents( )

.parents( )方法用来获取 DOM 元素的所有父元素。

.parents( )的语法如下:

```
.parents( )
.parents(selector)
```

.parents( )的用法如下:

```
//找出 iTesting 的所有父元素
cy.get('#id').parents( )
```

- .parent( )

与.parents( )命令相反,.parent( )仅沿 DOM 树向上移动一个级别,它获得的是指定 DOM 元素的第一层父元素。

.parent( )的语法如下:

```
.parent( )
.parent(selector)
```

.parent( )的用法如下:

```
//找出 iTesting 的父元素
cy.get('#id').parent( )
```

- .siblings( )

.siblings( )方法用来获取 DOM 元素的所有同级元素。

.siblings( )的语法如下：

```
.siblings( )
.siblings( )(selector)
```

.siblings ( )的用法如下：

```
//找出 iTesting 的同级元素
cy.get('#id').siblings( )
```

- .first( )

.first ( )方法用来匹配给定 DOM 对象集的第一个元素。

.first ( )的语法如下：

```
.first( )
```

.first ( )的用法如下：

```
//找出 iTesting
cy.get('#id').first( )
```

- .last( )

.last ( )方法用来匹配给定 DOM 对象集的最后一个元素。

.last ( )的语法如下：

```
.last( )
```

.last ( )的用法如下：

```
//找出 ul 的最后一个元素
cy.get('ul').last( )
```

- .next( )

.next ( )方法用来匹配给定 DOM 对象紧跟着的下一个同级元素。

.next ( )的语法如下：

```
.next( )
```

.next ( )的用法如下：

```
//找出 iTesting 的下一个元素
```

```
cy.get('ul').next( )
```

- .nextAll( )

.nextAll( )方法用来匹配给定 DOM 对象之后的所有同级元素。

.nextAll( )的语法如下：

```
.nextAll( )
```

.next( )的用法如下：

```
//找出 iTesting 之后的所有同级元素
cy.get('#id').nextAll( )
```

- .nextUntil(selector)

.nextUntil( )用来匹配给定 DOM 对象之后的所有同级元素直到遇到 Until 里定义的元素为止。

.nextUntil( )的语法如下：

```
.nextUntil(selector)
.nextUntil(selector, filter)
```

.nextUntil( )的用法如下：

```
//找出 Ray
cy.get('#id').nextUntil('#kevin')
```

- .prev( )

.prev( )方法用来匹配给定 DOM 对象紧跟着的上一个同级元素。

.prev( )的语法如下：

```
.prev( )
```

.prev( )的用法如下：

```
//找出 iTesting 的上一个元素
cy.get('ul').prev( )
```

- .prevAll( )

.prevAll( )方法用来匹配给定 DOM 对象之前的所有同级元素。

.prevAll( )的语法如下：

```
.prevAll( )
```

.prevAll( )的用法如下:

```
//找出 iTesting 之前的所有同级元素
cy.get('#id').prevAll( )
```

- .prevUntil( )

.prevUntil( )用来匹配给定的 DOM 对象之前的所有同级元素直到遇到 Until 里定义的元素为止。

.prevUntil( )的语法如下:

```
.prevUntil(selector)
.prevUntil(selector, filter)
```

.prevUntil( )的用法如下:

```
//找出 Ray
cy.get('#kevin').prevUntil('#id')
```

- .each( )

.each( )用来遍历数组及其类似结构(数组或对象有 length 属性)。

.each( )的语法如下:

```
.each(callbackFn)
```

.each( )的用法如下:

```
//打印 ul 所有子元素的文本
cy.get('#ul').each(($li)=>{
    cy.log($li.text( ))
})
```

- .eq( )

.eq( )用来在元素或者数组中的特定索引处获取 DOM 元素。它的作用跟 jQuery 中的:nth-child( )选择器相同。

.eq( )的语法如下:

```
.eq(index)
```

.eq( )的用法如下:

```
//获取 ul 的第一个字元素
cy.get('#ul').eq(0)
```

6.2.3 可操作类型

- .click( )

单击某个元素。.click( )的语法如下：

```
//单击某个元素
.click( )

//带参数的单击
.click(options)
//在某个位置单击
.click(position)
```

其中，options可选参数包含{force:true}和{multiple:true}。

```
//强制单击 li 元素
cy.get('li').click({ force: true })

//单击所有的 li 元素
cy.get('li').click({ multiple: true })
```

有时候需要对某个元素的某个具体位置进行单击，click也提供了相应的方法。

```
//在 li 元素的右上角位置处单击
cy.get('li').click({'topRight'})
//在 li 元素的左上角位置处单击
cy.get('li').click({'topLeft'})
//在 li 元素的正上方位置处单击
cy.get('li').click({'top'})
//在 li 元素的左侧位置处单击
cy.get('li').click({'left'})
//在 li 元素的中心位置处单击
cy.get('li').click({'center'})
//在 li 元素的右侧位置处单击
cy.get('li').click({'right'})
//在 li 元素的左下角位置处单击
cy.get('li').click({'bottomLeft'})
//在 li 元素的正下方位置处单击
cy.get('li').click({'bottom'})
//在 li 元素的右下角位置处单击
cy.get('li').click({'bottomRight'})
```

.click( )还可以接受键值组合，例如"Shift+click"。

```
//在发现的第一个li元素上执行Shift+click操作
//{ release: false } 表明长按Shift键
cy.get('body').type('{shift}', { release: false })
cy.get('li:first').click( )
```

除 Shift 外，.click( )还支持如下按键：

{alt}：按住 Alt 键。

{ctrl}：按住 Ctrl 键。

- .dblclick( )

双击某个元素。.dblclick( )的语法如下：

```
//双击某个元素
.dblclick( )
//带参数的双击
.dblclick(options)
//在某个位置双击
.dblclick(position)
```

其中，options 参数和 position 参数的选项跟.click( )完全一致。

- .rightclick( )

右击某个元素。.rightclick( )的语法如下：

```
//右击某个元素
.rightclick( )
//带参数的右击
.rightclick(options)
//在某个位置右击
.rightclick(position)
```

其中，options 参数和 position 参数的选项跟.click( )完全一致。

- .type( )

往 DOM 元素中输入。.type( )的语法如下：

```
//输入文本
.type(text)
//带参数的输入
.type(text, options)
```

例如：

```
//输入用户名 iTesting
cy.get('input[username="name"]').type('iTesting')
```

在日常测试过程中，若需要输入一些特殊字符，text 参数可以使用下列文本：

```
//输入 " { "
cy.get('input[username="name"]').type('{{}')
```

text 参数支持的其他特殊字符如下：

{backspace}：删除光标左侧的字符；

{del}：删除光标右侧的字符；

{downarrow}：向下移动光标；

{end}：将光标移到行尾；

{enter}：按 Enter 键；

{esc}：按 ESC 键；

{home}：将光标移到行首；

{insert}：在光标右边插入字符；

{leftarrow}：向左移动光标；

{pagedown}：向下滚动；

{pageup}：向上滚动；

{rightarrow}：向右移动光标；

{selectall}：通过创建选择范围来选择所有文本；

{uparrow}：向上移动光标。

Options 可接受如下参数：

- .clear( )

.clear( )清除输入或文本区域的值。.clear( ) 语法如下：

```
.clear( )
```

例如：

```
//清除用户名
cy.get('input[username="name"]').clear( )
//也可写成
cy.get('input').type({selectall}{backspace})
```

- .check( )

针对<input>类型的单选框（radio button）或者复选框（check box），Cypress 提供了 check 和 uncheck 方法直接操作。语法如下：

```
//选中
.check( )
//选中一个选项,值是 value
.check(value)
//选中多个选项
.check(values)
```

例如:

```
//选中 US 这个选项
cy.get('[type="radio"]').check('US')
//选中 ga 和 ca 这两个选项
cy.get('[type="checkbox"]').check(['ga', 'ca'])
```

- .uncheck( )

.uncheck( )跟.check( )的用法相反,它用于取消选中单选框或者复选框。语法如下:

```
//取消选中
.uncheck( )
//取消选中某选项
.uncheck(value)
//取消选中多个选项
.uncheck(values)
```

例如:

```
//取消选中 US 这个选项
cy.get('[type="radio"]').uncheck('US')
//取消选中 ga 和 ca 这两个选项
cy.get('[type="checkbox"]').uncheck(['ga', 'ca'])
```

- .select( )

.select( )用来在<select>中选择一个<option>。语法如下:

```
.select(value)
.select(values)
```

假设 DOM 树如下所示:

```
<select>
  <option value="1">iTesting</option>
  <option value="2">kevin</option>
  <option value="3">emily</option>
</select>
```

select( )写法如下：

```
//选中 iTesting
cy.get('select').select('iTesting')
//选中 iTesting 和 kevin
cy.get('select').select(['iTesting', 'Kevin'])
```

- .trigger( )

.trigger( )用来在 DOM 元素上触发事件。语法如下：

```
.trigger(eventName)
```

例如：

```
//按下光标
cy.get('button').trigger('mousedown')
//移动光标到元素之上
cy.get('button').trigger('mouseover')
//抬起光标
cy.get('button').trigger('mouseleave')
```

6.2.4 Cypress 常见操作

Cypress 中有如下几种常见的操作场景。

- 访问某个网站

```
//访问 helloqa.com
cy.visit('https://helloqa.com')
```

如果你在 cypress.json 中配置了 baseUrl 的值，则 Cypress 将自动为你加上前缀。

```
//cypress.json
{
  "baseUrl": "http://www.helloqa.com"
}

//访问 http://www.helloqa.com//categories/api-test
cy.visit('/categories/api-test')
```

- 获取当前页面 URL 地址

在 Cypress 中，可以使用下述方式来获取当前页面地址。

```
//获取页面地址
cy.url( )

//检查当前页面地址是否包括 api-test
cy.url( ).should('contain', 'api-test')
```

- 刷新当前页面

在 Cypress 中，可以使用 cy.reload( )来刷新当前页面。

```
//刷新页面，等同于 F5
cy.reload( )
//强制刷新页面，等同于 CTRL+ F5
cy.reload(true)
```

- 最大化窗口[①]

在 Cypress 中，默认运行时的窗口大小为 1000px×660px。如果你的屏幕不够大，无法显示完整的像素，Cypress 将自动缩小并居中显示你的应用程序。可以通过以下两种设置来设置运行窗口。

1. 在 cypress.json 中设置

```
//cypress.json 中添加
{
  "viewportWidth": 1000,
  "viewportHeight": 660
}
```

2. 在运行中设置

```
//运行中设置
cy.viewpoint(1024, 768)
```

- 网页的前进或后退

在 Cypress 中使用 cy.go( )来实现网页的前进或后退。前进或后退的依据是浏览历史记录中的 URL。

```
//后退
cy.go('back')
//或者
```

[①] 注：不同于 Selenium 可以直接最大化窗口，在 Cypress 中，没有 maximize window 命令。

```
cy.go(-1)
//前进
cy.go('forward')
//或者
cy.go(1)
```

- 判断元素是否可见

在 Cypress 里，要判断元素是否可见，可以直接使用 should 判断，Cypress 会自动为你重试直至元素可见或者超时。

```
//判断 .check-box 是否可见
cy.get('.check-box ').should('be.visible')
```

- 判断元素是否存在

```
//判断元素存在
cy.get('.check-box').should('exist')
//判断元素不存在
cy.get('.check-box').should('not.exist')
```

- 条件判断

在日常测试中，有时候需要对某个元素进行条件判断，即满足条件 A 时执行 A 操作，满足条件 B 时执行 B 操作。Cypress 称之为"条件测试（Conditional Testing）"并建议避免编写包含条件测试的脚本，因为条件测试通常比较脆弱，容易导致测试失败。

一个典型的例子是如果元素 A 存在，则执行单击 A 操作，如果不存在，则什么都不做。

Cypress 建议脚本编写者提供 A 条件出现的必要步骤来确保 A 条件一定会满足从而避免条件判断。

但你仍然可以用 Cypress 支持 jQuery 的特性来使用条件判断。

```
//利用 jquery 来判断元素是否存在
const btnLocator = '#btn'
if(Cypress.$(btnLocator).length>0){
    cy.get(btnLocator).click( )
}
```

- 获取元素属性值

在 Cypress 中，无法直接返回元素属性值。

```
//获取元素 btn 的文本
cy.get('#btn').then(($btn)=>{
    const btnTxt = $btn.text( )
    cy.log(btnTxt)
})
```

- 清除文本

在 Cypress 中，可使用 cy.clear( )来清除 input 输入框和 textarea 输入框的值。

```
//清除 input 输入框的值
cy.get('input[name=username]').clear( )

//等同于
cy.get('input[name=username]').type({selectall}{backspace})
```

- 操作表单输入框

在 Cypress 中，可使用 cy.clear( )和 cy.type( )组合来操作输入框。

```
//清除 username 并输入用户名 "iTesting"
cy.get('input[name=username]').clear( ).type('iTesting')
```

- 操作单选/多选按钮

针对<input>类型的单选框或者复选框，Cypress 提供了 check 和 uncheck 方法直接操作。

```
//选中 US 这个选项
cy.get('[type="radio"]').check('US')
//取消选中 US 这个选项
cy.get('[type="radio"]').uncheck('US')
```

- 操作下拉菜单

如果下拉菜单是 Select 形式的，则直接使用如下方式操作。

```
cy.get('select').select('下拉选项的值')
```

如果下来菜单是其他形式的，例如 DOM 树形结构如下所示：

```
<div id="form">
    <ul role="listbox" class="select-dropdown-menu">
        <li role="option" class="select-dropdown-item">iTesting</li>
        <li role="option" class="select-dropdown-item">kevin</li>
        <li role="option" class="select-dropdown-item">emily</li>
    </ul>
</div>
```

则查找 iTesting 并选中的写法如下：

```
cy.get('li').eq(0).click( )
```

- 操作弹出框

最常见的是提交确认弹出框，解决方法跟正常的页面一样，首先使用 cy.get( )或 cy.find( )定位到弹出框元素，然后操作即可。

对于 iframe 格式的弹出框，可以通过闭包解决。

```
cy.get('iframe')
    .then(function ($iframe) {
      //定义要查找的元素
        const $body = $iframe.contents( ).find('body')
      //在查找到的元素中查找 btn 并单击
        cy.wrap($body).find('#btn').click( )
})
```

- 操作被覆盖元素

碰见元素被覆盖无法操作的情况，可以直接使用{force:true}。

```
//强制单击 btn 元素
cy.get('#btn').click({ force: true })
```

- 操作页面滚动条

滚动条操作有两种方式，一种是元素不在视图中，需要拖动滚动条直到元素出现，如图 6-1 所示。

图 6-1 元素不在视图中

假设 DOM 树如下所示：

```
<div id="scroll-horizontal" style="height: 300px; width: 300px;
overflow: auto;">
    <div style="width: 1000px; position: relative;">
        水平滚动框
        <button class="btn btn-danger" style="position: absolute;
 top: 0; left: 500px;">提交</button>
    </div>
</div>
```

由 DOM 结构得知，滚动框的视图宽度只有 300px，但要操作的"提交"button 却在 1000px 处。操作此按钮的代码如下：

```
//确认提交按钮不在视图中
cy.get('#scroll-horizontal button')
  .should('not.be.visible')

//滚动直到提交安装出现在视图中
cy.get('#scroll-horizontal button').scrollIntoView( )
  .should('be.visible')
//单击，提交 button
cy.get('.btn btn-danger').click( )
```

滚动条有时也可作为操作设置某项属性出现，如图 6-2 所示。

图 6-2 拖动输入范围

假设 DOM 树如下所示：

```
<fieldset>
    <label for="range-input">拖动输入范围</label>
    <input class="trigger-input-range" name="range-input" type="range"
value="0">
            <p>100</p>
</fieldset>
```

如需设置范围为 25，则代码如下：

```
cy.get('.trigger-input-range')
  .invoke('val', 25)
  .trigger('change')
  .get('input[type=range]').siblings('p')
  .should('have.text', '25')
```

- 模拟键盘操作

模拟键盘操作，例如按 Enter 键等。

```
//以登录框为例，输入 mail 地址，然后按 Enter 键
cy.get('input["id=mail"]').type('fake@email.com')
cy.get('input["id=mail"]').type('{enter}')
```

更多关于模拟键盘的操作，请参考.type( )和.click( )的参数。

- 遍历表格

在其他的测试框架如 Selenium 中，遍历表格常常用 for 循环，在 Cypress 中，可以使用 .each( )。

假设有如下表格：

姓名	分数	操作
iTesting	100	编辑
Kevin	80	编辑

DOM 树如下：

```
<table border="1" width="200" height="100" cellspacing="0">
  <thead>
    <tr>
      <th>姓名</th>
      <th>分数</th>
      <th>操作</th>
    </tr>
  </thead>
```

```
<tbody>
   <tr>
     <td>iTesting</td>
     <td>100</td>
     <td><button type="button">编辑</button></td>
   </tr>
   <tr>
     <td>Kevin</td>
     <td>80</td>
     <td><button type="button">编辑</button></td>
   </tr>
 </tbody>
</table>
```

现在想单击 iTesting 所在的这一行的"编辑"按钮：

```
//$el 是包装好的 jquery 元素，代表每一行
//index 代表每一行序号，从 0 起
//$table 代表整个表格
cy.get('tbody tr')
  .each(function($el, index, $table){
    if($el.text( ).includes('iTesting')){
        $table.eq(index).find('button').click( )
    }
  })
```

第 7 章

命令行运行 Cypress

第 3 章介绍过 Cypress 命令行运行可以通过如下方式：

```
//cypress 语法
Cypress <command> [options]
```

其中，command 是必选参数。包含的参数有 open、run、install、verify、cache、help 和 version。Options 是可选参数，根据 command 的值有不同的可选项。

本章主要介绍 open 和 run 这两个必选项及其对应的可选参数。

7.1 cypress open

7.1.1 cypress open 简介

以 "cypress open" 方式运行 Cypress，是指以交互模式打开 Cypress 测试运行器（Test Runner）运行测试用例。在测试用例的运行过程中，测试用例的每一条命令，每一个操作都将显式地显示在测试运行器中。用户可以通过测试运行器随时暂停、恢复测试用例执行。

"cypress open" 的打开方式如下：

```
//切换到你的项目根目录下（本例为E:\Cypress）
E:\Cypress>yarn run cypress open
```

也可以通过如下方式：

```
//1. 在 package.json 文件里，新增 scripts 代码段，更改如下
"scripts": {
    "cypress:open": "cypress open"
  }
```

```
//2. 在命令行输入
# 使用 yarn 打开
E:\Cypress>yarn cypress:open
# 使用 npm 打开
E:\Cypress> npm run cypress:open
```

7.1.2 cypress open 详解

"cypress open"运行时支持指定多个参数，指定的参数将自动应用于你通过测试运行器打开的项目。这些参数将应用于每一次测试运行，直到你关闭测试运行器为止。你指定的参数将会覆盖你的配置文件 cypress.json 中的相同参数。

"cypress open"支持如下可选参数：

- --browser, -b

--browser, -b 参数用来指定待运行的浏览器。默认情况下，Cypress 将运行在 Electron 浏览器中。你可以指定待运行的浏览器。

```
//指定浏览器为 chrome
E:\Cypress>yarn run cypress open --browser chrome
```

- --config, -c

--config, -c 参数用来指定运行时的配置项。这部分内容在第 4.2 节自定义 Cypress 中介绍过，不再赘述。

- --config-file, -C

--config-file, -C 用来指定运行时的配置文件。默认情况下，所有的配置项都定义在 cypress.json 文件中，你可以通过这个可选项改变配置项的位置。

```
//指定 config file
E:\Cypress>yarn run cypress open --config-file tests/cypress-config.json
```

- --detached, -d

--detached, -d 用来以 detached 模式打开 Cypress。

- --env, -e

--env, -e 用来指定环境变量。这个参数可以用来动态传入环境变量。

```
//指定一个环境变量
E:\Cypress>yarn run cypress open --env host=api.dev.local
```

```
//指定多个环境变量
E:\Cypress>yarn run cypress open --env host=api.dev.local,version=1
```

凡是在--env 后指定的变量都会被当作环境变量，可在代码中直接使用，语法如下：

```
Cypress.env('host')
```

- --global

--global 参数用来以 global 模式打开 Cypress。global 模式允许在多个嵌套项目中共享同一个安装好的 Cypress 版本。

- --port,-p

--port,-p 参数用来指定运行时的端口。

```
E:\Cypress>yarn run cypress open --port 8080
```

- --project, -P

--project, -P 参数用来指定待运行的项目。如果你的项目包含多个子项目，可以用此参数来运行指定的子项目（包括加载对应项目的配置）。

```
E:\Cypress>yarn run cypress open --project./some/nested/folder
```

- --help, -h

--help, -h 参数可用来输出 help 信息。

除了"cypress open"命令外，Cypress 还支持"cypress run"命令。

7.2 cypress run

7.2.1 cypress run 简介

"cypress run"命令将直接运行测试脚本直至测试结束。Cypress 默认启动无头（Headless）Electron 浏览器来运行测试。

"cypress run"的打开方式与"cypress open"相同。

7.2.2 cypress run 详解

"cypress run"运行时同样支持指定多个参数，指定的参数将自动应用于当次测试运行。指定的参数将会覆盖配置文件 cypress.json 中的相同参数。

"cypress run"支持如下可选参数：

- --browser, -b

--browser, -b 参数用来指定待运行的浏览器。默认情况下，Cypress 将运行在 Electron 浏览器中。你可以指定待运行的浏览器。

```
//指定浏览器为 chrome
E:\Cypress>yarn run cypress run --browser chrome
```

- --ci-build-id

--ci-build-id 参数用于分组运行或者并行运行，它通过指定一个唯一的标识符来实现。注意：它必须配合参数 --group 或 --parallel 才能使用。

```
E:\Cypress>yarn run cypress run  --ci-build-id BUILD_NUMBER
```

通常这个标识符被设置为持续集成环境的环境变量。

- --config, -c

--config, -c 参数用来指定运行时配置项。这部分笔者在第 4 章自定义 Cypress 中介绍过，不再赘述。

- --config-file, -C

--config-file, -C 用来指定运行时候的配置文件。默认情况下，所有的配置项都定义在 cypress.json 文件中，你可以通过这个可选项改变配置项的位置。

```
//指定 config file
E:\Cypress>yarn run cypress run --config-file tests/cypress-config.json
```

- --group

-- group 参数用来在一次运行中，把符合条件的测试用例分组展示。

```
//把 smoke 文件夹下的所有测试用例分组为 smoke
E:\Cypress>yarn run cypress run --group smoke --spec 'cypress/integration/smoke/**/*
```

--group 通常跟 --ci-build-id 一起使用。

- --headed

--headed 参数用来指定有头运行。

```
//在 chrome 中有头运行测试用例
E:\Cypress>yarn run cypress run -headed chrome
```

- --no-exit

--no-exit 参数用来指定 Test Runner 在运行后不退出。可以使用参数--headed 和--no-exit 来指定测试运行时显示及在运行后查看命令日志。

```
//在chrome中有头运行测试用例并指定no-exit
E:\Cypress>yarn run cypress run -headed chrome --no-exit
```

- --env, -e

--env, -e 用来指定环境变量。这个参数可以用来动态传入环境变量。

```
//指定一个环境变量
E:\Cypress>yarn run cypress run --env host=api.dev.local
//指定多个环境变量
E:\Cypress>yarn run cypress run --env host=api.dev.local,version=1
```

凡是在--env 后指定的变量都会被当作环境变量，可在代码中直接使用，语法如下：

```
Cypress.env('host')
```

- --key, -k

--key, -k 通常跟 Dashboard 一起使用，用来指定那些需要在运行时录制的项目秘钥。笔者将在后续的章节中介绍其详细用法。

- --parallel

--parallel 参数用来在多台机器上并行运行测试用例集，将在后续的章节中介绍其详细用法。

- --record

--record 用来指定在测试运行时录制视频。

```
E:\Cypress>yarn run cypress run --record --key
```

如果你在 cypress.json 中设置了环境变量 CYPRESS_RECORD_KEY，则可以省略--key 标志。

- --reporter, -r

--reporter, -r 用来指定 Mocha 的 Reporter。这部分内容在第 4.4 节测试报告中详细中介绍过，不再赘述。

- --reporter-options, -o

--reporter-options, -o 用来指定 Mocha 报告的配置。这部分内容在第 4.4 节测试报告一节中详细中介绍过，不再赘述。

- --spec, -s

--spec, -s 参数用来指定运行哪些测试文件夹/文件。如果你不指定测试文件夹，Cypress 将为你自动运行所有存在 Integration 文件夹下的测试用例。

- --port,-p

--port,-p 参数用来指定运行时的端口。

```
E:\Cypress>yarn run cypress run --port 8080
```

- --project, -P

--project, -P 参数用来指定待运行的项目。如果你的项目包含多个子项目，可以用此参数来运行指定的子项目（包括加载对应项目的配置）。

```
E:\Cypress>yarn run cypress run --project ./some/nested/folder
```

- --help, -h

--help, -h 参数可用来输出 help 信息。

第8章

测试运行器

8.1 Test Runner 简介

Test Runner（测试运行器）是测试框架的重要组成部分。它用于组装待运行的测试用例（及它们的配置），然后按照用户指定的要求运行这些测试用例，并将测试结果写入控制台（Console）或日志文件。

在命令行里以交互式模式打开 Cypress。

```
//进入项目根目录（本例为E:\Cypress）
C:\Users\Administrator>E:
E:\>cd cypress

//以交互模式打开Cypress
E:\Cypress>yarn run cypress open
```

Cypress 打开后，你将看到如图 8-1 所示的窗口。

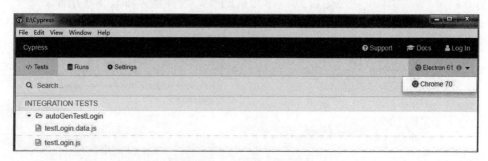

图 8-1 打开 Cypress

任选一个测试用例，单击执行。执行过程中你将看到测试运行器运行，如图 8-2 所示。

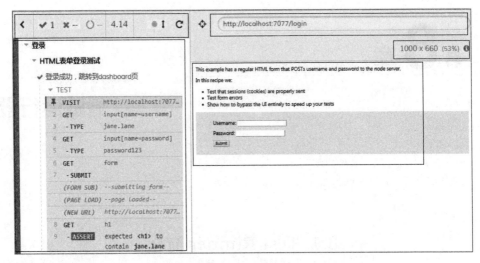

图 8-2 测试运行器

Cypress 的测试运行器由如下几个部分组成：

- 测试状态目录（Test Status Menu）；
- 命令日志（Command Log）；
- URL 预览（RUL Preview）；
- 应用程序预览（App Preview）；
- 视窗大小（ViewPoint Sizing）；
- Cypress 元素定位辅助器（Selector Playground）。

有关测试运行器组成部分的详细内容，参见 5.7 节。

在测试停止运行后，单击元素定位辅助器，并且选择要定位的元素，Cypress 将自动为你呈现能定位到目标元素的唯一选择器，如图 8-3 所示。

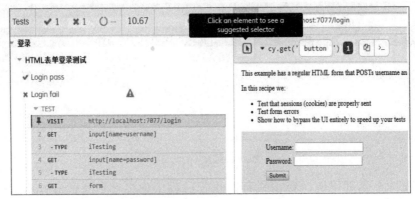

图 8-3 Cypress 元素定位辅助器

8.2 Test Runner 如何便捷我们的测试

测试运行器能够方便用户调试，监控测试运行状态，从而使测试更加便捷。

8.2.1 更改浏览器

在你以交互式命令（cypress open）运行测试用例时，你可以在 Test Runner 里指定待测试的浏览器。Cypress 默认使用 Electron 浏览器，用户可根据需要更改，如图 8-1 所示。[①]

8.2.2 更改元素定位策略

Cypress 在定位元素时会遵循以下的优先级：
（1）data-cy；
（2）data-test；
（3）data-testid；
（4）id；
（5）class；
（6）tag；
（7）attributes；
（8）nth-child。

Cypress 会尝试从高优先级的定位策略开始，定位目标元素。如果默认的定位顺序不符合应用程序实际情况，你可以更改元素定位的优先级顺序。语法如下：

```
//设置定位策略优先级
Cypress.SelectorPlayground.defaults(options)

//获取元素选择器的值
Cypress.SelectorPlayground.getSelector($el)
```

其中 options 的可选值是以上八种定位策略的一种或多种：

[①] 注意你需要在本地机器上事先安装好浏览器，Test Runner 才能识别到。

```
//设置定位策略优先级，最高级是 id
Cypress.SelectorPlayground.defaults({
  selectorPriority: ['id', 'class', 'attributes']
})
```

例如，假设有如下 HTML 代码段：

```
<button id='login' class='login-class'>登录</button>
```

默认情况下，获取到的元素选择器的值应该是 login。

```
const $el = Cypress.$('button')
//selector 的返回值是 login
const selector = Cypress.SelectorPlayground.getSelector($el)
```

更改元素定位策略，再次获取元素选择器值，selector 的值变成了"login-class"。

```
Cypress.SelectorPlayground.defaults({
  selectorPriority: ['class', 'id']
})

//selector 的值变成了 login-class
const $el = Cypress.$('button')
const selector = Cypress.SelectorPlayground.getSelector($el)
```

8.2.3 实时监控测试用例执行情况

以交互式方式运行测试用例，你可以在测试执行时实时查看被测应用程序的状态。

8.2.4 时间穿梭功能

如果测试过程中发生错误，大部分的测试框架都无法得知测试执行时被测应用程序所处的状态，只能在测试运行结束后通过日志、截图来猜测测试失败的原因。Cypress 测试运行器则完全相反。它忠实地记录了每一条测试命令执行时被测应用程序所处的状态，并且保存起来以便随时回溯，这种能力被称为时间穿梭（time-travel）。

需要注意的是，Cypress 保存的是应用程序状态，不是截图。故 Cypress 支持查看命令执行时发生的一切操作，用户可直接定位到错误的根本原因，无须猜测。

在测试结束后，可以通过鼠标悬停，或者用鼠标单击某个命令的方式来进行时间穿梭。

使用鼠标悬停，可以在应用程序预览中查看命令作用到被测应用的具体情况。

使用鼠标单击，将在浏览器的 Console 中看到当命令执行时，应用到了被测应用程序的哪个元素上，以及当时的上下文详细信息。

8.3 Test Runner 功能扩展

一个测试用例集（describe）通常包含多个测试用例（it）。当网络不稳定而引起测试失败时，我们希望仅重试失败的用例而不是重跑整个测试用例集。但测试运行器仅支持重试整个测试用例集。

测试运行器插件"cypress-skip-and-only-ui"使上述需求成为现实。

下面来详细介绍一下"cypress-skip-and-only-ui"的用法。

8.3.1 安装

安装 cypress-skip-and-only-ui 插件。

```
npm i -D cypress-skip-and-only-ui
```

8.3.2 配置

在 cypress/support/index.js 文件下添加配置项如下：

```
//添加如下语句到 support/index.js 文件中任意位置
require('cypress-skip-and-only-ui/support')
```

在 cypress/plugins/index.js 文件下添加配置如下：

```
const task = require('cypress-skip-and-only-ui/task')
module.exports = (on, config) => {
  on('task', task)
}
```

合并其他配置项，如果有的话。

```
//把你的其他 task 的选项定义在 otherTask 里
const otherTask = { ... }
const task = require('cypress-skip-and-only-ui/task')
```

```
const all = Object.assign({}, otherTask, task)
module.exports = (on, config) => {
  on('task', all)
}
```

8.3.3 使用

以交互模式打开 Cypress：

```
//以交互模式打开 Cypress
E:\Cypress>yarn run cypress open
```

任意选择一个测试用例并单击运行。运行结束后查看测试运行器，如图 8-4 所示。

图 8-4 skip-and-only 插件新增按钮

可以看到，在每一个测试用例后面，多了三个按钮。分别是。

（1）忽略这个测试。

单击这个按钮，其他测试用例会重新执行。

（2）仅运行这个测试。

单击这个按钮，只有这个测试用例会重新执行。

（3）取消"忽略"或者"仅运行"。

单击这个按钮，所有的测试用例会重新执行。

第 9 章

重塑你的"测试习惯"

如果你有过其他自动化测试框架的使用经历，在你初次切换至 Cypress 时，一定会有很多"不适应"，继而产生很多疑问，比如为什么元素赋值不能返回？为什么不能使用异步的 await 语法等。本章将向你细数 Cypress 的这些"坑"，并探讨其产生的原因。

9.1 Cypress 典型的"坑"

9.1.1 Cypress 命令是异步的

初次使用 Cypress，你产生的第一个问题恐怕就是为什么元素赋值不成功。我们来通过一段代码来解释。假设你使用的是 Selenium。

```
//以下代码仅用来解释概念
//假设先查找父元素，再查找子元素
driver = webdriver.Chrome( )
driver.get('http://www.helloqa.com')

Ids = driver.find_element_by_id('id')
//此处执行成功
Ids.find_element_by_id('id2').click( )
```

如果你使用 Cypress 来"翻译"上述代码，则会出错。

```
const Ids = cy.get("#id")

//但执行到此处会失败
Ids.find('id2').click( )
```

失败的原因是 Cypress 命令不是同步执行的。Cypress 命令在被调用时并不会被马上执行,Cypress 会先把所有命令排队(enquene),然后再执行。也就是说当 cy.get("#id")被初次调用时,Ids 的值是 undefined,故测试会失败。

9.1.2 慎用箭头函数

自 ES6 引入箭头函数(Arrow Function)以来,箭头函数的应用非常普遍。

```
//普通函数
var x = function(x, y) {
  return x * y;
}
//箭头函数
const x = (x, y) => x * y;
```

但在 Cypress 中,使用箭头函数时需注意:

```
///<reference types="cypress" />
describe('测试箭头函数', function ( ) {
    beforeEach(function ( ) {
        //wrap 'hello'到 text 中
        cy.wrap('hello').as('text')
    })

    //it 里用了箭头函数后拿不到 wrap 的 text 了
    it('访问不到', ( )=> {
        //this.text 打印为空
        cy.log(this.text)
    })
})
```

9.1.3 async/await 不工作

既然 Cypress 是异步的,那是不是 await 代码也可以支持呢?

```
it('await 代码不支持', async ( ) => {
    const table = await cy.get("something");
```

答案是否定的,Cypress 不支持 async 和 await 代码。虽然 Cypress 类似于 Promise 但不同于 Promise,Promise 本身没有重试的概念,但 Cypress 却支持命令自动重试。

9.1.4 赋值"永远"失败

自动化测试中最常用的就是获得元素返回值并应用到下一个请求。

```
///<reference types="cypress" />
describe('赋值测试', function ( ) {
  let testVar
  it('testVar 返回空', function ( ) {
    cy.visit('https://helloqa.com')
    cy.contains('首页').then(($el)=>{
      testVar = $el.text( )
      // '首页'第一次被打印出。
      cy.log(testVar)
    })
    // '首页'第二次未被打印出
    cy.log(testVar)
  })
})
```

即使我们使用了全局变量,testVar 仍未被返回。

9.1.5 躲不过的同源策略

同源策略是浏览器安全的基石。这也意味着当两个 iframe 直接有访问时,必须同时满足协议相同、域名相同、端口相同三个条件。由于 Cypress 是运行在浏览器之中的,要测试应用程序,Cypress 必须始终能够和应用程序直接通信,但显然浏览器的同源策略不允许。

Cypress 通过以下方式"绕过了"浏览器的限制。

(1) 将 document.domain 注入 text / html 页面。

(2) 代理所有 HTTP / HTTPS 通信。

(3) 更改托管的 URL 以匹配被测应用程序的 URL。

(4) 使用浏览器的内部 API 进行网络间通信。

首次加载 Cypress 时,内部 Cypress Web 应用程序托管在一个随机端口上,类似于 http：//localhost：65874 / __ /。

在一次测试中,当第一个 cy.visit( )命令被发出后,Cypress 将更改其 URL 以匹配远程应用程序的来源，从而解决了同源策略的主要障碍。但这样带来的坏处是在一次测试运行中，访问的域名必须处于同一个超域（Super domain）下，否则 Cypress 测试将会报错。

```
///<reference types="cypress" />

describe('一次测试访问不同域名', function ( ) {
  let testVar
  it('立刻报错', function ( ) {
    cy.visit('https://helloqa.com')
    cy.visit('https://www.baidu.com')
  })
})
```

9.2 Cypress 独特之处

除了"坑"，Cypress 还有很多独特之处。

9.2.1 闭包（Closure）

在 Cypress 中，保存一个值或者引用的最好方式是使用闭包。.then( )是 Cypress 对闭包的一个典型应用。.then( )返回的是上一个命令的结果，并将其注入下一个命令中。

举例来说，获取 button 文本改变前后的值并用于比较。

```
cy.get('button').then(($btn) => {
  //保存 btn 元素的文本信息在 txt 变量中
  const txt = $btn.text( )

  //假设提交 form 会改变 button 的文本
  cy.get('form').submit( )

  //再次获取 button 的文本并和之前的文本对比
  cy.get('button').should(($btn2) => {
    expect($btn2.text( )).not.to.eq(txt)
  })
})
```

9.2.2 变量和别名

在 Cypress 中,可使用如下方式进行元素赋值操作或者实现变量共享。

1. .wrap( )和.as( )

考虑这样一种情形,当你的测试需要一个前置条件才能执行,比如得到数据库的某个表的值。那么,该如何做呢?

```
//这种方法可以实现,但是不够优雅
describe('a suite', function ( ) {
  //创建闭包
  let text

  beforeEach(function ( ) {
    cy.visit('http://www.helloqa.com')
    cy.contains('首页').then(($el)=>{
      text = $el.text( )
    })
  })

  it('does have access to text', function ( ) {
    //text 可以访问
    cy.log(text)
  })
})
```

Cypress 提供了.wrap( )和.as( )方法来方便地定义变量。

- .wrap( )

.wrap( )返回传递给它的对象。语法如下:

```
cy.wrap(subject)
cy.wrap(subject, options)
```

用法如下:

```
const getName = ( ) => {
  return 'iTesting'
}

//返回 true
cy.wrap({ name: getName }).invoke('name').should('eq', 'iTesting')
```

- .as( )

.as( )用于分配别名以供以后使用。稍后在带有@前缀的 cy.get( )或 cy.wait( )命令中引用该别名。

语法如下：

```
.as(aliasName)
```

一般.wrap( )和.as( )配对使用。

```
describe('a suite', function ( ) {
  beforeEach(function ( ) {
    cy.visit('http://www.helloqa.com')
    cy.contains('首页').then(($el)=>{
    //把$el.text( )设置成别名text
      cy.wrap($el.text( )).as('text')
    })
  })

  it('does have access to text', function ( ) {
    //使用.get('@text')访问别名， text 是.as('text')里定义的名字
    cy.get('@text').then((el)=>{
      cy.log(el)
    })
  })
})
```

2. fixture( )

如果测试中需要的变量直接来自外部文件，可以通过 fixture( )来实现上下文共享。

.fixture( )用来加载位于文件中的一组固定数据。

.fixture( )的语法如下：

```
cy.fixture(filePath)
cy.fixture(filePath, encoding)
cy.fixture(filePath, options)
cy.fixture(filePath, encoding, options)
```

其中：filePath 是 FixturesFolder 中文件的路径，默认为 cypress/fixtures。encoding 是支持的编码格式，支持 ASCII、Unicode、UTF-8 和 Base64 等格式。

.fixture( )常和.as( )一起使用，方法如下：

```
//users.json 位于 cypress/fixtures 文件夹下
cy.fixture('users.json').as('usersData')

//后续代码中使用
cy.get('@usersData').then(( )=>{
//你的代码
})
```

3. 自定义方法

除了上述两种方法能共享上下文信息外,还可以使用自定义方法。方法如下:

1)在 cypress.json( )里,env 的 配置项里,添加如下设置:

```
//testVariables 是我们自定义的,用来保存运行中生成的变量
"env": {
    testVariables : {}
}
```

2)在测试代码中使用 Cypress.env( )来设置和获取变量。

```
///<reference types="cypress" />

describe('全局变量', function( ){
    it('设置全局变量测试',function( ){
        cy.visit('http://www.helloqa.com')
        cy.contains('首页').then(($el)=>{
            //把 testVariables 的值设为 "首页"
            Cypress.env('testVariables', $el.text( ))
        })
    })

    it('获取全局变量测试',function( ){
        //在下一个测试中获取 testVariables 的值
        cy.log(Cypress.env('testVariables'))
    })
})
```

如果想保存多个变量,可以更改测试代码如下:

```
///<reference types="cypress" />

describe('全局变量', function( ){
    it('设置全局变量测试',function( ){
        cy.visit('http://www.helloqa.com')
        cy.contains('首页').then(($el)=>{
```

```
                //testVariables 是一个 Array
                //定义一个新的变量,名为 text,把它的值赋为"首页"
                Cypress.env('testVariables').text = $el.text( )
        })
    })

    it('获取全局变量测试',function( ){
        //打印出新的变量值
        cy.log(Cypress.env('testVariables').text)
    })
})
```

第四部分

前端自动化测试框架
进阶篇
——Cypress 进阶

第10章

Cypress 最佳实践

10.1 设置全局 URL

在第 9 章介绍过，为了绕过同源策略，当 Cypress 开始运行测试时，会在 localhost 上打开一个随机端口进行初始化，直到遇见第一个 cy.visist( )命令里的 URL 才匹配被测应用程序的 URL[①]。所以你可以设置 baseUrl 以节省这段时间。设置方式如下：

```
//在 cypress.json 里设置
//baseUrl 为你的被测应用 URL
{
  "baseUrl": "https://helloqa.com"
}
```

设置好 baseUrl 后，不仅可以在运行时节省 Cypress 匹配被测应用程序 URL 的时间，还可以在编写待访问的 URL 时，忽略 baseUrl，直接写后面的路径。例如：

```
//设置好 baseUrl 后，在测试脚本中写
cy.visit('/main')

//等同于
cy.visit('https://helloqa.com/main')
```

---

① 这也是为什么 Cypress 以交互模式启动时，会看到 Cypress 先运行在 localhost 上然后又忽然切换了 URL 重新运行的原因。

10.2 避免访问多个站点

为了绕开同源策略的限制而实现的方案，使得 Cypress 不能支持在一个测试用例里访问多个不同域名的 URL。这也是 Cypress 的"妥协"。如果你访问了多个不同域名的站点，Cypress 会直接报错。

如果你访问的是同一个超域（super domain）下的不同子域，则 Cypress 允许你正常访问。

```
it('访问同一超域下的不同子域，正常运行', () => {
  cy.visit('https://www.helloqa.com')
  cy.visit('https://qa.helloqa.com')
})

it('访问不同超域域名，会报错', () => {
  cy.visit('https://www.helloqa.com')
  cy.visit('https://www.testertalk.com')         // Cypress 会报错
})
```

10.3 删除等待代码

在其他的自动化测试框架中，你或许会使用到显式等待（sleep 或者 wait 固定时间）。但在 Cypress 中，你无须使用显式等待。Cypress 的许多命令都自带 Retry 属性[①]。

在 Cypress 中，如果需要等待一个事件返回，可以使用别名，代码如下：

```
//等待请求网络返回
//错误做法，显式等待
cy.wait(1000)

//正确的做法，使用别名
cy.intercept('**/accoungs/*').as('getAccount')
cy.wait('@getAccount').then((xhr) => {
  cy.log(xhr)
})
```

---

① 请参考第 4 章节的重试机制介绍。

10.4 停用条件测试

考虑如下测试场景:"判断一个元素是否存在,当它存在时,执行 A 操作,当它不存在时,执行 B 操作。"

Cypress 把这种行为称为条件测试(Conditional Testing)并认为条件测试 是导致测试不稳定的根本原因,因为当你在代码中进行如此判断时,就说明你无法确定你的操作会导致哪种结果发生(而这显然是有风险的,例如执行 A 操作的代码有误,但是 A 操作一直没有被触发,则此问题将无法被测试到)。

Cypress 建议你通过指定前置测试条件来避免操作引发的不确定行为。例如当有 A、B 策略的需求时,指定测试前置条件使得 A 或 B 一定发生。前置条件的构造,你可以通过修改 DB 直接获得,也可以根据业务特性使用 API 或者 UI 的方式构造。唯有条件确定时,才能避免使测试进入条件测试困境,才能确保测试代码按照设想运行。

```
//前置条件的构造过程略

//如果你确定 A 会发生,则代码如下:
cy.get('.conditional A Selector').should('exist');

//如果你确定 A 不会发生,则代码如下:
cy.get('.conditional A Selector').should('not.exist');
```

10.5 实时调试和中断

Cypress 提供了两种方式的 debug。

(1).debug()

当你在定位问题时,可以使用.debug( )函数来调试,.debug( )命令返回上一条命令产生的结果。

语法如下:

```
.debug( )
```

使用方法如下:

```
//例如本例是要断定 login 函数是否含 href 属性
cy.get('#login').debug( ).should('have.attr', 'href')
```

(2).debugger。

Cypress 测试代码和被测应用运行在同一个循环中。这意味着你有访问和控制页面上运行着的代码的权利。

在 Cypress 中使用 debugger 的方式如下：

```
it('调试', function ( ) {
  cy.visit('/main')

  cy.get('#login')
    .then(($selectedElement) => {
      //调试
      debugger
    })
})
```

需要注意的是不要直接在测试代码中使用 debugger。

```
it('调试', function ( ) {
  cy.visit('/main')
  //如下写法不工作
  debugger
  cy.get('#login')
})
```

还记得原因吗？Cypress 的命令是异步的，它不会马上运行。当你执行 cy.visit( )时，Cypress 并没有立刻运行你的测试，此时你 debugger，当然什么也没有。

10.6 运行时的截图和录屏

在测试运行时截图和录屏能够使你在测试错误时快速定位到问题所在。Cypress 截图和录屏能力强大，具体表现在两个方面。

（1）无须配置，自动截图。

在以 cypress run 方式运行测试时，当你的测试发生错误时，Cypress 会自动截图，并默认保存在 cypress/screenshots 文件夹下。

(2)自定义截图。

你可以在代码里自定义截图,无论测试是否失败。在 Cypress 中截图非常简单,仅需使用.screenshot( )即可。

语法如下:

```
.screenshot( )
.screenshot(fileName)
.screenshot(options)
.screenshot(fileName, options)
```

用法如下:

```
//直接截图
cy.screenshot( )
//只截某个特定元素
cy.get('#login').screenshot( )
```

其中:

fileName 是待保存图片的名称。图片默认保存在 cypress/screenshots 文件夹下,可以在 cypress.json 中修改此路径(配置项 screenshotsFolder)。还可以通过 options 参数来改变 screenshot 的默认行为。options 支持的选项如表 10-1 所示。

表 10-1

参数	默认值	描述
Log	TRUE	在命令日志中显示
Blackout	[]	此参数接受一个数组类型的字符选择器,此选择器匹配的元素会被涂黑。这个选项在 capture 是 runner 时不起作用
Capture	'fullPage'	决定截图截取测试运行器的哪个部分,此参数仅跟在 cy.后使用有效(针对元素属性截图则不起作用,cy.get('#login.').screenshot({capture: 'runner'}))。有 3 个可选项,分别是 viewport(截图大小是被测应用程序当前视窗大小)、fullPage(整个被测程序界面都会被截图)、runner(截图包括测试运行器的整个部分)。对于在测试失败时自动获取的截图,此选项被强制设置为 runner)
clip	null	用于裁剪最终屏幕截图图像的位置和尺寸(以像素为单位)。格式如下:{ x: 0, y: 0, width: 100, height: 100 }
disableTimersAndAnimations	TRUE	如果为 TRUE,则在截屏时禁止 JavaScript 计时器(setTimeout,setInterval 等)和 CSS 动画运行
padding	null	用于更改元素屏幕截图尺寸的填充。此属性仅适用于元素屏幕截图。格式如下:padding: ['background-color: #ff7f50; ']
scale	FALSE	是否缩放应用程序以适合浏览器视口。当 capture 为 runner 时,强制为 TRUE

(续表)

参 数	默 认 值	描 述
timeout	responseTimeout	timeout 时间
onBeforeScreenshot	null	非因测试失败截图前，要执行的回调函数。当此参数应用于元素屏幕截图时，它的参数是被截取的元素，当此参数应用于其他截图时，它的参数是 document 本身
onAfterScreenshot	null	非因测试失败截图后，要执行的回调函数。当此参数应用于元素屏幕截图时，第一个参数是被截取的元素，当此参数应用于其他截图时，第一个参数是 document 本身，第二个参数是有关屏幕截图的属性

通过 onBeforeScreenshot、onAfterScreenshot，可以在截图发生前或发生后应用自定义的行为。

以下是 onBeforeScreenshot、onAfterScreenshot 的用法举例：

```
//onBeforeScreenshot
//打印被截取元素的信息
  let screenshots = []
    cy.get('input[name=password]').screenshot({
      onBeforeScreenshot($el) {
        screenshots.push($el)
      },
      capture: 'runner'
    })
    cy.log(screenshots)
```

```
//onAfterScreenshot
//将会打印 Screenshot 中的有关属性信息
let screenshots = []
    cy.screenshot({
      onAfterScreenshot($el, props) {
        screenshots.push(props)
      },
      capture: 'runner'
    })
    cy.log(screenshots)
```

10.7 断言最佳实践

Cypress 的断言基于当下流行的 Chai 断言库，并且增加了对 Sinon-Chai、Chai-jQuery 断言库的支持，带来了强大的断言功能。

Cypress 支持 BDD（expect /should）和 TDD（assert）格式的断言。

```
//形式大致如下
//前面代码省略...
it('两数相加', function( ) {
  expect(add(1, 2)).to.eq(3)
})

it('两数相减', function( ) {
  assert.equal(subtract(5, 12), -7, '相减后应该等于-7')
})
```

Cypress 命令通常具有内置的断言，这些断言将导致命令自动重试，以确保命令成功（或者超时后失败）。举例来说：

```
//Cypress 会自动等到返回的body里有{name: 'iTesting'的属性}
cy.request('/users/1').its('body').should('deep.eq', { name:
'iTesting' })
```

表 10-2 展示了内置了断言操作的 Cypress 命令。

表 10-2

命　　令	断言事件
cy.visit( )	期望访问返回的 status code 是 200
cy.request( )	期望远程 server 存在并且能连通
cy.contains( )	期望包含某些字符的页面元素能在 DOM 里找到
cy.get( )	期望页面元素最终能在 DOM 页面里找到
cy.type( )	期望页面元素最终处于可以输入的状态
cy.click( )	期望页面元素最终处于可以单击的状态
cy.its( )	期望能从当前对象最终找到一个属性

cypress 提供了两个方法来断言。

（1）隐性断言.should( ) 或者.and( )。

.should( ) 或者.and( )是 cypress 推崇的方式。

```
cy.get('tbody tr:first').should('have.class', 'active')
//你也可以用.and( )把很多的断言链式连接起来，在这里.and( )就相当于.should( )
cy.get('#header a')
  .should('have.class', 'active')
  .and('have.attr', 'href', '/users')
```

（2）显性断言 expect。

expect 允许你传入一个特定的对象并且对它进行断言。

```
expect(true).to.be.true
```

你也可以混合使用隐性断言和显性断言

```
cy.get('tbody tr:first').should(($tr) => {
  expect($tr).to.have.class('active')
  expect($tr).to.have.attr('href', '/users')
})
```

最后，笔者列出常用的一些断言供查阅：

（1）BDD 形式的断言。

表 10-3

命 令	例 子
not	expect(name).to.not.equal('Jane')
deep	expect(obj).to.deep.equal({ name: 'Jane' })
nested	expect({a: {b: ['x', 'y']}}).to.have.nested.property('a.b[1]')
nested	expect({a: {b: ['x', 'y']}}).to.nested.include({'a.b[1]': 'y'})
ordered	expect([1, 2]).to.have.ordered.members([1, 2]).but.not.have.ordered.members([2, 1])
any	expect(arr).to.have.any.keys('name', 'age')
all	expect(arr).to.have.all.keys('name', 'age')
a(type) Aliases: an	expect(name).to.not.equal('iTesting')
include(value), Aliases: contain, includes, contains	expect([1,2,3]).to.include(2)
ok	expect(undefined).to.not.be.ok
TRUE	expect(true).to.be.true
FALSE	expect(false).to.be.false
null	expect(null).to.be.null
undefined	expect(undefined).to.be.undefined
exist	expect(myVar).to.exist
empty	expect([]).to.be.empty

（2）TDD 形式的断言。

表 10-4

命 令	例 子
.isOk(object, [message])	assert.isOk('everything', 'everything is ok')
.isNotOk(object, [message])	assert.isNotOk(false, 'this will pass')
.equal(actual, expected, [message])	assert.equal(3, 3, 'vals equal')

命令	例子
.notEqual(actual, expected, [message])	assert.notEqual(3, 4, 'vals not equal')
.strictEqual(actual, expected, [message])	assert.strictEqual(true, true, 'bools strict eq')
.notStrictEqual(actual, expected, [message])	assert.notStrictEqual(5, '5', 'not strict eq')
.deepEqual(actual, expected, [message])	assert.deepEqual({ id: '1' }, { id: '1' })
.isTrue(value, [message])	assert.isTrue(true, 'this val is true')

10.8 改造 PageObject 模式

PageObject（页面对象）模式是自动化测试中的一个最佳实践。它具备以下特征：

- 将每个页面（或者待测试对象）封装成一个类（class）。类里包括了页面上所有的元素及它们的操作方法（单步操作或功能集合）。
- 测试代码和被测页面代码解耦。使用 PageObject 对象后，当页面发生改变，无须改变测试代码。

PageObject 减少了代码冗余，使业务流程变得清晰易读，降低了测试维护成本。

下面以登录为例，讲解 PageObject 及其在 Cypress 中的应用。

首先，启动演示项目。

```
//保持本地测试服务器处于运行状态
C:\Users\Administrator>E:
E:\>cd cypress-example-recipes
E:\cypress-example-recipes>cd examples/logging-in__html-web-forms
E:\cypress-example-recipes\examples\logging-in__html-web-forms>npm start
```

其次，在 E:\cypress-example-recipes\examples\logging-in-html-web-forms\cypress 文件夹下新建 pages 文件夹，并在其中新建一个文件 login.js。代码如下：

```
//login.js
export default class LoginPage {
    constructor( ) {
        this.userName = 'input[name=username]'
        this.password = 'input[name=password]'
        this.form = 'form'
        this.url = 'http://localhost:7077/login'
```

```
    }
    isTargetPage( ) {
        cy.visit('/login')
        cy.url( ).should('eq', this.url)
    }

    login(username, password) {
        cy.get(this.userName).type(username)
        cy.get(this.password).type(password)
        cy.get(this.form).submit( )
    }
}
```

然后，在 E:\cypress-example-recipes\examples\logging-in-html-web-forms\cypress\integration 文件夹下，建立一个新文件 testLogin.js。

```
//testLogin.js

///<reference types="cypress" />

import LoginPage from "../pages/login"

describe('登录测试，PageObject 模式', function ( ) {
    //we can use these values to log in
    const username = 'jane.lane'
    const password = 'password123'

    it('登录成功', function ( ) {
        //创建 pageobject 实例
        const loginInstance = new LoginPage( )
        loginInstance.isTargetPage( )
        loginInstance.login(username, password)
        cy.url( ).should('include', '/dashboard')
    })
})
```

以上就是一个简单的 PageObject 模型。

执行如下命令以交互模式打开 Cypress，选择 testLogin.js 运行。

```
# 新打开一个命令行窗口，进入 Cypress 安装文件夹，执行 yarn cypress:open
C:\Users\Administrator>E:
E:\>cd Cypress
E:\Cypress>yarn cypress:open
```

结果如图 10-1 所示。

图 10-1 运行结果

你一定注意到了,我们只是把元素定位的定位器给剥离出来了,并没有针对元素本身进行封装。

所以改造 login.js 代码如下:

```
//login.js
export default class LoginPage {
    constructor( ) {
        this.userNameLocator = 'input[name=username]'
        this.passwordLocator = 'input[name=password]'
        this.formLocator = 'form'
        this.url = 'http://localhost:7077/login'
    }

    get username( ) {
        return cy.get(this.userNameLocator)
    }

    get password( ) {
        return cy.get(this.passwordLocator)
    }
```

```
    get form( ) {
        return cy.get(this.formLocator)
    }

    isTargetPage( ) {
        cy.visit('/login')
        cy.url( ).should('eq', this.url)
    }

    login(userName, passWord) {
        this.username.type(userName)
        this.password.type(passWord)
        this.form.submit( )
    }
}
```

无须更改 testLogin.js，直接运行，结果同样是成功。

当登录成功后，页面将跳转至 mainPage 页面，目前只写了 login 页面，所以在 pages 文件夹下，新建立 mainPage.js 文件。代码如下：

```
//mainPage.js
export default class mainPage {
    constructor( ) {
        this.h1Locator = 'h1'
        this.url = 'http://localhost:7077/dashboard'
    }

    get welComeText( ) {
        return cy.get(this.h1Locator)
    }

    isTargetPage( ) {
        cy.url( ).should('eq', this.url)
    }
}
```

更新 testLogin.js 代码，以验证登录成功后会跳转到 mainPage 页面：

```
//testLogin.js
///<reference types="cypress" />

import LoginPage from "../pages/login"
import mainPage from "../pages/mainPage"
```

```
describe('登录测试，PageObject 模式', function ( ) {
    //we can use these values to log in
    const username = 'jane.lane'
    const password = 'password123'

    it('登录成功', function ( ) {
        const loginInstance = new LoginPage( )
        loginInstance.isTargetPage( )
        loginInstance.login(username, password)
        cy.url( ).should('include', '/dashboard')

        const mainInstance = new mainPage( )
        mainInstance.isTargetPage( )
        mainInstance.welComeText.should('contain', 'jane.lane')
    })

})
```

再次运行 testLogin.js，结果如图 10-2 所示。

图 10-2 PageObject-封装页面元素

请仔细观察 login.js 和 mainPage.js 这两个页面对象，是否发现每个页面都有一个 isTargetPage( )函数用来判断当前页面是否正确啊？

在实际项目测试中，可以进一步提炼，将每个 page 都公用的部分再次剥离，生成一个新的 common page，然后每个 page 都继承自 common page，进一步减少代码冗余。

我们来按这个思路改造如下原始代码。在 E:\cypress-example-recipes\examples\logging-in-html-web-forms\cypress\pages 文件夹下（下称 pages 文件夹）新建 commonPage.js。

```
//commonPage.js
export default class CommonPage {
    constructor( ) {
        //构造函数，可以为空
        //如果不为空，应该是所有 page 都会用到的变量
    }

    isTargetPage( ) {
        cy.url( ).should('eq', this.url)
    }

}
```

更新 pages 文件夹下的 login.js 文件。

```
//login.js
import CommonPage from './commonPage'

export default class LoginPage extends CommonPage {
    constructor( ) {
        super( )
        this.userNameLocator = 'input[name=username]'
        this.passwordLocator = 'input[name=password]'
        this.formLocator = 'form'
        this.url = 'http://localhost:7077/login'
    }

    get username( ) {
        return cy.get(this.userNameLocator)
    }

    get password( ) {
        return cy.get(this.passwordLocator)
    }
```

```
    get form() {
        return cy.get(this.formLocator)
    }

    visitPage() {
        cy.visit('/login')
    }

    login(userName, passWord) {
        this.username.type(userName)
        this.password.type(passWord)
        this.form.submit()
    }
}
```

更新 pages 文件夹下的 mainPage.js。

```
//mainPage.js
import CommonPage from './commonPage'

export default class mainPage extends CommonPage {
    constructor() {
        super()
        this.h1Locator = 'h1'
        this.url = 'http://localhost:7077/dashboard'
    }

    get welComeText() {
        return cy.get(this.h1Locator)
    }
}
```

无须更改 testLogin.js，再次运行，测试结果仍然为成功。

以上便是 PageObject 的一个典型场景。Cypress 完全支持 PageObject 模式。

但仔细观察 testLogin.js，就会发现存在这样一个问题，如果一个测试需要访问多个页面对象，就意味着测试中要初始化多个页面对象实例。如果这个页面对象需要登录才能访问（大部分是这样），则每次初始化都需要先登录再访问（只有登录后才能重用 cookie）。这无形中增加了测试运行的时间。

Cypress 不认为 PageObject 是一个好的模式，Cypress 认为跨页面共享逻辑是一个反模式（Anti-Pattern），因为 Cypress 的实现原理与其他工具完全不同。

Cypress 提供了很多方式，允许用户通过"捷径"直接设置被测应用程序达到待测试状态，而无须在不同页面一遍又一遍地执行相同操作。

这个"捷径"就是 Custom Commands。

10.9 使用 Custom Commands

Custom Commands 被认为是替代 PageObject 的良好选择。使用 Custom Commands 可以创建自定义命令和替换现有命令。

自定义命令（Custom Commands）默认存放在 cypress/support/commands.js 文件中。它会在任何测试文件被导入之前加载（定义在 cypress/support/index.js 中）。

自定义命令的语法如下：

```
Cypress.Commands.add(name, callbackFn)
Cypress.Commands.add(name, options, callbackFn)
Cypress.Commands.overwrite(name, callbackFn)
```

其中：name 表示自定义命令的名称，类似关键字。callbackFn 表示自定义命令的回调函数，回调函数里定义了自定义函数所需完成的操作步骤。options 允许你定义自定义命令的隐性行为。options 的可选参数如表 10-5 所示。

表 10-5

参　　数	可 选 值	默 认 值
prevSubject	true,false, optional	false

自定义命令的用法如下（仍以 10.10 节中的登录为例）：

```
//在 cypress/support/commands.js 中，添加如下定义
Cypress.Commands.add('login', (username, password) => {
    cy.get('input[name=username]').type(username)
    cy.get('input[name=password]').type(`${password}{enter}`)
})

//然后，在 testLogin.js 中，做如下更改：
//找到如下语句
loginInstance.login(username, password)
//替换为
cy.login(username, password)
```

再次运行 testLogin.js，结果仍然是成功。

那么自定义命令的好处是什么呢？
- 定义在 cypress/support/commands.js 中的命令可以像 Cypress 内置命令那样直接使用，无须 import 对应的 page（实际上 PageObejct 模式在 Cypress 看来无非是数据/操作函数的共享）。
- 自定义命令可以比 PageObject 模式运行更快。别忘记 Cypress 和你的应用程序运行在同一个浏览器中，这意味着 Cypress 可以直接发送请求到应用程序并设置运行测试所需要的用户状态，而这一切通常无须通过页面操作，这使得使用了自定义命令的测试会更加稳定。
- 自定义命令允许你重写（OverWrite）Cypress 内置命令，这意味着你可以自定义测试框架并立刻全局应用。

下面举例介绍使用自定义命令替换 10.08 节中的 PageObject 模式用例。

（1）在 cypress/support/commands.js 中，添加如下定义：

```
Cypress.Commands.add('login', (username, password) => {
    Cypress.log({
        name: 'login',
        message: `${username} | ${password}`,
    })

    return cy.request①({
        method: 'POST',
        url: '/login',
        form: true,
        body: {
            username,
            password,
        },
    })
})
```

（2）无须 PageObject 模型，直接在 integration 文件夹下建立 testLogin.js 测试文件。

```
//testLogin.js
///<reference types="cypress" />

describe('登录测试，自定义命令行模式', function ( ) {
```

---

① 更多关于 cy.request()命令的解释，请查看第 11 章。

```
    const username = 'jane.lane'
    const password = 'password123'

    beforeEach(function ( ) {
        cy.login(username, password)
    })

    it('可以访问受保护页', function ( ) {
        //cy.request( )登录成功后，Cypress 会自动保存 session cookie,
        //所以我们可以访问登录后才能访问的页面
        cy.visit('/dashboard')
        cy.url( ).should('eq', 'http://localhost:7077/dashboard')
        cy.get('h1').should('contain', 'jane.lane')
    })
})
```

最后介绍一下如何重写 Cypress 内置命令，以 cy.visit( )为例。

（1）在 cypress/support/commands.js 中，添加如下定义：

```
Cypress.Commands.overwrite('visit', (originalFn, url) => {
    //仅为演示如何重新内置命令，你可以根据实际需要更改
    //重写 visit 命令，使每个 visit 命令都打印一行++符号在 console 里

    console.log('+++++++++++++')

    //originalFn 代表传入进来的原'visit'命令
    //url 是 visit 里的 url 地址
    return originalFn(url)
})
```

（2）此后，任何使用到 cy.visit 的命令，都将在浏览器 console 里打印出一行"++"符号。

10.10 数据驱动策略

数据驱动是测试框架中的一个必要功能，使用数据驱动，可以在不增加代码量的前提下根据数据生成不同的测试策略。

10.10.1 数据保存在前置条件里

利用 beforeEach 或者 before 前置函数，可以把数据保存在前置条件中。

```
//以下代码仅为演示
describe('测试数据放在前置条件里', ( ) => {
  let testData

  beforeEach(( ) => {
    testData = [{"name": "iTesting", "password": "helloqa"},
    { "name": "kevin", "password": "helloqa"}]
  })

//循环生成数据
for (const data in testData) {
   it('测试外部数据${data}', ( ) => {
      cy.login(data.name, data.password)
   })
 }
})
```

10.10.2 使用 fixtures

```
//以下代码仅供演示,无法直接运行

describe('测试外部数据 -fixture', ( ) => {
    it('测试外部数据', function ( ) {
        //example.json 存放在 cypress/fixtures 下
        //examples.json 是一个 Array like ([])对象
        cy.fixture('example.json').as('testData')
        cy.get('@testData').each((data)=>{
               cy.log(data.name)
               cy.log(data.email)
            }
        )
    })
})
```

10.10.3 数据保存在自定义文件中

```
//以下代码仅为演示
//假设数据文件保存在 user.json 中
import testData from '../../settings/user.json'

describe('Test Add user', ( ) => {
```

```
for (const data in testData) {
  it(`测试外部数据${data}`, ( ) => {
    cy.login(data.user.admin.email, data.user.admin.password)
  })
 }
})
```

10.11 环境变量设置指南

10.11.1 cypress.json 设置

你可在 cypress.json 文件中定制你的 Cypress 配置。具体请参考第 4.2 节中的内容。

10.11.2 cypress.env.json

Cypress 允许你针对不同测试环境使用多个配置文件并且在运行时动态指定，从而免除你每切换一次环境，就需要更改变量值的情况。

下面将为你介绍使用步骤。

首先，建立一个文件夹，并在其中建立你在不同环境用到的变量及变量值。举例来说，在"E:\Cypress\cypress\config"文件夹下建立两个文件，分别命名为 cypress.dev.json 和 cypress.qa.json。内容分别如下：

```
//cypress.dev.json
{
    "baseUrl":"http://localhost:7077/login",
    "env":{
        "username":"jane.lane",
        "password":"password123"
    }
}

//cypress.qa.json
{
    "baseUrl":"http://localhost:7077/login",
    "env":{
        "username":"wrongUser",
        "password":"wrongPassword"
```

```
        }
}
```

其次，在 plugins/index.js 中更改配置如下：

```
//plugins/index.js
const fs = require('fs-extra')
const path = require('path')

function getConfigurationByFile (file) {
  const pathToConfigFile = path.resolve('..', 'Cypress/cypress/config',
`cypress.${file}.json`)
  return fs.readJson(pathToConfigFile)
}

//plugins file
module.exports = (on, config) => {
  //指定一个环境配置，如没有指定，则使用 cypress.dev.json
  const file = config.env.configFile || 'dev'

  return getConfigurationByFile(file)
}
```

最后，运行时指定 configFile 的值即可（本例指定环境为 qa）。

```
//假设你的项目根目录是 E:\Cypress
E:\Cypress>yarn cypress open --env configFile=qa
```

10.11.3 运行时动态指定环境变量

使用 cypress.env.json 可以指定测试环境运行，但需要额外创建文件。除 cypress.env.json 外，在运行时指定测试环境的同时仍可以使用 cypress.json 文件。

下面将详细介绍。

首先，在 cypress.json 中，更改如下：

```
//首先，建立一个变量 targetEnv，并给定默认值 dev 环境
//其次，更改 env 的代码块，把你的环境及其环境变量按格式写入
"targetEnv":"dev",
"env": {
    "dev": {
        "username": "iTesting",
        "password": "weChat",
```

```
    "Url": "http://localhost:5883"
  },
  "qa": {
    "username": "wrongUser",
    "password": "wrongPassword",
    "Url": "https://qa.test.com:5883"
  }
}
```

其次,更改"support/index.js"文件。

```
//接受用户的参数 testEnv。如果没有指定 testEnv,则使用 cypress.json 中 targetEnv
的设置
//根据最终的环境变量,重写 url
beforeEach(( ) => {
  const targetEnv = Cypress.env('testEnv') ||
Cypress.config('targetEnv')
  cy.log(`测试环境为: \n ${JSON.stringify(targetEnv)}`)
  cy.log(`测试环境详细配置为: \n
${JSON.stringify(Cypress.env(targetEnv))}`)
  Cypress.config('baseUrl', Cypress.env(targetEnv).Url)
})
```

最后,在运行时,指定要运行的测试环境。

```
//指定测试环境为 qa
E:\Cypress>yarn cypress open --env testEnv=qa
```

10.12 测试运行最佳实践

10.12.1 动态生成测试用例

根据数据文件动态生成测试用例请参考第 5.5 节中的内容。

10.12.2 挑选待运行测试用例

10.12.2.1 静态挑选待运行测试用例

静态挑选待测试用例,是指给测试用例添加关键字例如 describe.only( )、describe.skip( )、it.only( )、it.skip( )及给测试用例指定 runFlag,并在运行时指定 runFlag 的值。此部分虽不够灵活,但在一定程度上实现了测试用例的按测试目的执行。

这部分的具体实例请参考第 5 章相应章节。

10.12.2.2 动态挑选待运行测试用例

挑选待测试用例，是指给测试用例添加一个或多个相应描述关键字，在运行时，指定相应的关键字，运行或者排斥测试用例。

Cypress 通过插件 cypress-select-tests 实现了这个功能。步骤如下：

（1）安装插件。

```
//安装插件
C:\Users\Administrator>npm install --save-dev cypress-select-tests
```

（2）设置。更改 cypress/plugins/index.js 文件。

```
const selectTestsWithGrep = require('cypress-select-tests/grep')
module.exports = (on, config) => {
  on('file:preprocessor', selectTestsWithGrep(config))
}
```

（3）打开项目根目录，在 Integration 目录下新建 testPickToRun.js，如下：

```
//请参考前面章节，确保你本地的服务已经启动
///<reference types="cypress" />

describe("测试登录", function ( ) {
  //此用户名和密码为本地服务器默认
  const username = 'jane.lane'
  const password = 'password123'

  context('登录成功，跳转到 dashboard 页', function ( ) {

    it("['smoke'] 登录用例 1", function ( ) {

      cy.visit('http://localhost:7077/login')
      cy.get('input[name=username]').type(username)
      cy.get('input[name=password]').type(password)
      cy.get('form').submit( )

      //验证登录成功则跳转到 dashboard 页

      cy.get('h1').should('contain', 'jane.lane')
```

```
    })
    it("[e2e, 'smoke'] 登录用例 2", function( ){
      cy.log('iTesting')
    })
  })
})
```

（4）指定标签运行，本例指定运行含有 "e2e" 标签的测试用例。

```
//切换到项目目录
C:\Users\Administrator>E:

E:\>cd Cypress
E:\Cypress>yarn cypress:open --env grep=e2e
```

然后在 Test Runner 中选择测试用例 "testPickToRun.js"，单击运行。运行结束后的截图如图 10-3 所示。

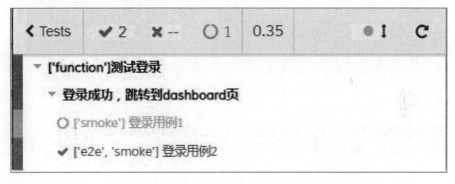

图 10-3 指定标签运行测试用例

可以看到任何含有标签 "e2e" 的测试用例或者测试套件均会被执行。

Cypress 还支持根据文件名来筛选待测试用例。用法如下：

```
//切换到项目目录
C:\Users\Administrator>E:

E:\>cd Cypress
E:\Cypress>yarn cypress:open --env fgrep=Login
```

则所有文件名中包含 "Login" 字符的测试套件均将被运行。

10.13 测试运行失败自动重试

由于各种不确定因素，偶尔会发生测试用例失败的情况，此时如果测试用例可以自动重新运行，则减少了测试由于环境等不确定因素失败的情况。

开启测试运行失败自动重试的步骤如下。

（1）安装 cypress-plugin-retries。

```
//全局安装 cypress-plugin-retries
npm install -D cypress-plugin-retries
```

（2）在 cypress/support/index.js 下增加如下代码：

```
require('cypress-plugin-retries')
```

（3）在 package.json 的 scripts 代码块下增加如下代码：

```
{
  "scripts": {
    "retryCases": "CYPRESS_RETRIES=2 cypress run "
  }
}
```

（4）使用。

```
//所有的测试用例失败后都会自动重试 2 次
E:\Cypress>yarn retryCases
```

10.14 全面的测试报告

测试报告的重要性不言而喻。Cypress 支持各种格式的测试报告。有关测试报告的具体实践，请参考第 4.4 节。

也可利用 Cypress 的高阶特性模块化运行来生成测试报告，将在第 13 章详细说明。

10.15 Cypress 连接 DB

在测试时,为了达到某个测试状态,有时需要连接 DB,使用 Cypress 连接 DB 可以使用 cy.task( )。cy.task( )使用任务插件事件(Task Plugin Event)在 Node.js 中执行你的代码。

cy.task( )语法如下:

```
cy.task(event)
cy.task(event, arg)
cy.task(event, arg, options)
```

cy.task( )的用法如下:

(1) 在 "plugins/index.js" 中,修改如下代码:

```
//定义了一个log的task
module.exports = (on, config) => {
  on('task', {
    log (message) {
      console.log(message)
      return null
    }
  })
}
```

(2) 在你的测试代码中使用如下代码:

```
//仅列出测试的语句
cy.task('log', '这是一个 log')
```

下面以 mysql 为例,简单介绍如何使用 Cypress 连接 mysql。

(1) 安装 mysql。

```
npm install mysql --save-dev
```

(2) 配置 cypress.json。

在 cypress.json 的 env 变量中。配置如下:

```
//这里仅列出env某块中涉及的db部分
"db": {
    "host": "your-host",
    "user": "your-username",
```

```
        "password": "your-password"
        "database":"your_db"
    }
```

（3）修改 plugins/index.js 文件。

```
const mysql = require('mysql')
function queryTestDb(query, config) {
  //创建一个新的 mySQL 实例, 配置取自 cypress.json 的 env 的 db 部分
  const connection = mysql.createConnection(config.env.db)
  //开始建立一个连接
  connection.connect()
  //执行 DB 的查询, 并在结束后断开
  return new Promise((resolve, reject) => {
    connection.query(query, (error, results) => {
      if (error) reject(error)
      else {
        connection.end()
        console.log(results)
        return resolve(results)
      }
    })
  })
}

module.exports = (on, config) => {
  on('task', {
    queryDb: query => {
      return queryTestDb(query, config)
    },
  })
}
```

（4）在你的测试用例中使用如下代码：

```
//仅列出相关部分
var query = 'select id from id_table'
cy.task('queryDb', query)
```

第11章 使用 Cypress 做接口测试

11.1 发起接口请求

在服务与服务、系统与系统之间进行通信通常会使用到接口。通过接口测试可以在项目的更早阶段发现问题。接口有很多类型,最常见的接口有 HTTP 协议的接口和 Web Services 接口。

11.1.1 发起 HTTP 请求的方式

在 Cypress 中发起 HTTP 请求需要用到 cy.request( )。

```
cy.request(url)
cy.request(url, body)
cy.request(method, url)
cy.request(method, url, body)
cy.request(options)
```

其中:

- url 是要访问的接口地址。如果你在 cypress.json 中设置了 baseUrl,那么你可以略过 baseUrl,只写后面的地址。
- body 是请求体。根据你接口内容的不同,body 有不同的形式。
- Method 是请求方法。Method 默认是 GET 方法。常用的是以下几种:

GET(SELECT):一般用来从服务器取出资源(一项或多项)。
POST(CREATE):在服务器新建一个资源。
PUT(UPDATE):在服务器更新资源(客户端提供改变后的完整资源)。
DELETE(DELETE):从服务器删除资源。

- Options 是可选项。Options 可以用来改变 cy.request( )的默认行为。它支持的参数如表 11-1 所示。

表 11-1

参 数	默 认 值	描 述
log	True	在命令日志中显示命令
url	null	请求的 url
method	GET	请求中使用的 HTTP 方法
auth	null	添加鉴权标头
body	null	随请求发送的请求体
failOnStatusCode	true	返回值不是 2XX 或 3XX 时,是否直接返回失败
followRedirect	true	是否自动重定向
form	false	是否将 body 的值转换为 url encoded 并设置 x-www-form-urlencoded 标头
gzip	true	是否接受 gzip 编码
headers	null	要发送的额外请求头
qs	null	把查询参数追加到请求的 url 之后
retryOnStatusCodeFailure	false	statusCode 引发的失败是否自动重试,设置为 true,Cypress 会自动重试 4 次
retryOnNetworkFailure	null	网络问题引发的失败是否自动重试,设置为 true,Cypress 会自动重试 4 次
timeout	responseTimeout	默认 timeout 时间,可在 cypress.json 中配置

11.1.2 发起 GET 请求

以 GET 请求为例,最常见的请求如下:

```
//以访问 helloqa.com 为例
//默认访问方式
cy.request('http://www.helloqa.com')

//使用 options 方式
cy.request({
    method: GET,
    url: 'http://www.helloqa.com'
})
```

cy.request( ) 常常与别名.as( )一起使用,用来进行接口返回值的断言。

```
//以访问 helloqa.com 为例
cy.request('https://www.helloqa.com').as('comments')

cy.get('@comments').should((response) => {
  expect(response.body).to.have.length(500)
  expect(response).to.have.property('headers')
  expect(response).to.have.property('duration')
})
```

11.1.3 发起 POST 请求

一个常见的 POST 请求如下：

```
cy.request({
    method: 'POST',
    url: '/login',
    failOnStatusCode: false,
    form: true,
    body: {
      username,
      password,
    }
}).then((res)=>{
    expect(res.status).to.be.equal(200)
})
```

但在测试中，通常情况下用户操作必须在登录后才能进行，这就需要鉴权（Authentication）。

用户鉴权通常有如下两种。

（1）基于表单的认证（Cookie & Session）。

基于表单的认证采用 Cookie 和 Session 来维持会话状态，步骤如下：

- 当用户成功登录后，服务器端为用户创建一个 Session 并保存。
- 服务器端向客户端返回带有 Session ID 的 Cookie。
- 客户端保存此 Cookie 并在接下来的请求中都带上这个 Cookie。
- 服务器端收到来自客户端的请求，将客户发送的 Session ID 跟自己保存的对比进行鉴权。

针对这种认证方式，仅仅需要在 beforeEach 中登录即可，Cypress 会通过 cypress-session-cookie 自动保存 Cookie 信息，故在后续的测试（it）中用户状态将自动保存，直接可以访问需鉴权认证的资源。

```
//本代码仅用来演示
describe('基于表单的认证', function ( ) {
  beforeEach(function ( ) {
    //login( )是自定义命令，定义在 support/commands.js 中
    cy.login('username', 'password')
  })

  it('访问需要鉴权后才能访问的资源', function ( ) {
    cy.visit('/dashboard')
    cy.get('h1').should('contain', 'iTesting')
  })
})
```

在后续的请求中，如果请求中需要用到 auth 信息，则请求如下：

```
//本代码仅用于演示
//以下请求仅写出 auth 的部分
request.post('http://some.server.com/someAPI', {
  'auth': {
    'user': 'username',
    'pass': 'password',
    'sendImmediately': false
  }
})
```

（2）基于 JWT（Json Web Token 的认证）。

JWT 三部分组成：

- Header

Header 部分是一个 JSON 对象，用来描述 JWT 的元数据（包括声明加密的算法，通常是 HMAC SHA256）。

- Payload

Payload（载荷）部分也是一个 JSON 对象，用来存放实际需要传递的数据（JWT 规定了 7 个官方字段供选用，除此之外，用户也可以自定义私有字段）。

- Signature

Signature 是一个签证信息，防止数据被篡改。算法如下：base64UrlEncode (header) + "." + base64UrlEncode (payload) +your-256-bit-secret。

服务器端后将 base64 加密后的 Header、Payload 和此签证信息拼成字符串，

每部分之间用"."分隔，这就是 JWT。

此种方式认证过程如下。

（1）当用户成功登录后，后端服务器生成 JWT，并将此 JWT 返回给客户端。

（2）客户端将此 JWT 保存在 localStorage/sessionStorage 中，并在后续的每一次请求中将此 JWT 放在 HTTP 请求头的 Authorization 中一起发送。

（3）后端服务器收到客户端请求后，对此 JWT 进行校验。

对于这种方式，常常通过获取登录后的 JWT Token 存入 windows.localStorage 中以供后续使用。

```
//此代码仅用来演示
describe('基于 jwt 的认证', function ( ) {
  beforeEach(function ( ) {
    cy.request('POST', 'http://www.helloqa.com', {
      username: 'iTesting',
      password: 'iTesting',
    }).then((res) => {
      //获取 jwt token 并放入 localStorage 中
      window.localStorage.setItem('jwt', res.data.token)
      //获取 refresh token 并放入 localStorage 中
      window.localStorage.setItem('refreshToken', res.data.refreshToken)
    })
  })

  it('访问需要鉴权后才能访问的资源', function ( ) {
    cy.visit('/dashboard')
    cy.get('h1').should('contain', 'iTesting')
  })
})
```

在后续的请求中，如果请求中需要用到 auth 信息，则请求如下：

```
cy.window( ).then((window) => {
  cy.request({
    method: 'POST',
    url: 'your request url',
    //获取 auth
    auth: { bearer: window.localStorage.getItem('jwt') },
  }).then((response) => {
    expect(response.status).to.be.equal(200)
  })
})
```

11.2 实例演示

下面我们以一个实际用例来看下如何利用 Cypress 做接口测试。

（1）启动演示项目。

```
//在你的目标文件夹下，克隆项目
E:\>git clone https://github.com/cypress-io/cypress-example-recipes.git

//克隆成功后，依次执行如下命令
E:\>cd cypress-example-recipes
E:\cypress-example-recipes>cd examples
E:\cypress-example-recipes\examples>cd logging-in-html-web-forms
E:\cypress-example-recipes\examples\logging-in-html-web-forms>npm start
```

在浏览器中访问 http://localhost:7077/ 以确认项目启动成功。

（2）编写测试用例。

在 Integration 文件夹下，创建测试文件 testAPI.js。

```
//testAPI.js
///<reference types="cypress" />

describe('使用接口直接测试', function () {
    const username = 'jane.lane'
    const password = 'password123'

    it('通过 cy.request 直接发送请求测试', function () {
    //POST 请求
        cy.request({
            method: 'POST',
            url: '/login',
            form: true,
            body: {
                username,
                password
            },
        })

        //GET 请求
        cy.request({
            method: 'GET',
            url: '/dashboard'
```

```
        })
            .its('body')
            .should('contain', 'jane.lane')

        cy.request('/admin')
            .its('body')
            .should('include', '<h1>Admin</h1>')
    })

})
```

(3) 在 packagae.json 文件的 scripts 模块增加如下内容。

```
//仅展示 scripts 的更改部分
"scripts": {
    "apiTest": "../../node_modules/.bin/cypress run --spec './cypress/integration/testAPI.js'"
  }
```

(4) 运行测试。

```
E:\cypress-example-recipes\examples\logging-in-html-web-forms>yarn apiTest
```

运行结束后，可在 Console 看到如图 11-1 所示的结果。

图 11-1 Cypress 运行 API 测试

使用 Cypress 可直接进行接口测试，无须安装其他依赖。并且如果你以交互模式执行测试，还能在命令日志中看到接口的详细请求情况，这在编写新用例，需要 debug 时非常有用。

第 12 章

Mock Server

12.1 自定义 Mock Server

通常情况下,前端和后端的交互会先定义好接口。当前端开发完成,但后端服务还没有完成时;或者当一个功能已经上线,但是它是另一个新功能的前提条件时(例如,订购物品后的余额展示,其前置条件是生成一笔成功订单),可以使用 Mock Server 来模拟后端返回,以提升开发测试效率。

以前端发往后端的 Ajax/XHR 请求为例,Cypress 允许你的测试直接访问 XHR 对象,从而能在整个软件生命周期里轻松测试 Ajax/XHR 请求并对它的属性进行断言。此外,Cypress 还允许你对请求的返回结果进行 Stub 和 Mock。

12.1.1 搭建 Mock Server

下面以 json-server 为例,来讲解下如何快速搭建一套 REST API 格式的 Mock Server。

(1)安装。

```
E:\>npm install -g json-server
```

(2)创建一个项目。

```
E:\> mkdir mockServerSample
```

(3)生成 Mock 的数据。

```
//在项目根目录(mockServerSample)下创建一个 db.json 文件,内容如下
{
  "user": [
```

```
    { "id": 1, "title": "QA", " name": "iTesting" }
  ],
  "books": [
    { "id": 1, "name": "IntoCypress", "year": "year"}
  ]
}
```

（4）启动 JSON Server。

```
E:\>cd mockServerSample
E:\mockServerSample>json-server --watch db.json
```

（5）查看资源。

服务启动起来后，你将看到可用的资源和主页地址。对于本例来说可用的资源信息如下：

```
//Resources，资源，对应 Mock 的 API
http://localhost:3000/user
http://localhost:3000/books

//Home，主页，相当于 baseUrl
http://localhost:3000
```

（6）访问服务首页。

```
http://localhost:3000
```

你可以访问 user 和 books 信息。至此，一个简单的 REST API 的 Mock Server 就建好了。

12.1.2　使用 Mock Server 进行测试

那么如何利用 Mock Server 进行接口测试呢？

（1）安装 Cypress。

在项目根目录（E:\mockServerSample）下，安装并配置 Cypress。具体过程请参考第 3 章的 3.1.3～3.1.5 节内容。

（2）配置 cypress.json。

```
//本例用于演示，仅配置 baseUrl
{
    "baseUrl": "http://localhost:3000"
}
```

（3）配置 package.json。

```
//本例用于演示，仅配置 scripts 模块
  "scripts": {
    "mock": "cypress open",
  }
```

（4）创建测试文件。

在 Integration 文件夹下，根据测试需求创建不同的测试文件。下面针对常用的请求方式，列出相应的测试用例代码。

- GET 方式

```
//Integration 文件夹下创建 testGet.js，代码如下：
describe('测试 GET', ( ) => {
  it('测试 GET', ( ) => {
    cy.request('/user')
      .its('headers')
      .its('content-type')
      .should('include', 'application/json')
  })
})
```

除了获取整个列表外，GET 还可以指定参数，用来获取匹配项，例如：

```
describe('测试 GET', ( ) => {
  it('测试 GET', ( ) => {
  // "?id=1"。获取 id=1 的 user
    cy.request('/user?id=1')
      .its('headers')
      .its('content-type')
      .should('include', 'application/json')
  })
})


describe('测试 GET', ( ) => {
  it('测试 GET', ( ) => {
  // "?q=iTest"。模糊查询，获取所有包含 iTest 字样的列表项
    cy.request('/user?q=iTest')
      .its('headers')
      .its('content-type')
      .should('include', 'application/json')
  })
})
```

- POST 方式

```
//Integration 文件夹下创建 testPost.js, 代码如下:
describe('测试 POST API', ( ) => {
  const item = {"id":2, "title": "kevin", "name": "kevin" }

  it('POST 会新增一个用户', ( ) => {
    cy.request({
      method: 'POST',
      //添加 user 信息
      url: '/user',
      headers: {'Content-Type': 'application/json'},
      body: item
    })

    //检查 user 内容增加了
    cy.request('/user/').then((res)=>{
      expect(res.status).to.be.equal(200)
      expect(res.body.length).to.be.equal(5)
    })
  })
})
```

- PUT 方式

```
//Integration 文件夹下创建 testPut.js, 代码如下:
describe('测试 PUT API', ( ) => {
  const item = {"title": "kevin", "name": "kevin" }

  it('PUT 会更新一个用户', ( ) => {
    cy.request({
      method: 'PUT',
      //指定更新 id 为 1 的 user
      url: '/user/1',
      headers: {'Content-Type': 'application/json'},
      body: item
    })

    //检查 id 为 1 的 user 内容被更新了
    cy.request('/user/1').then((res)=>{
      expect(res.status).to.be.equal(200)
      expect(res.body.name).to.be.equal('kevin')
      expect(res.body.title).to.be.equal('kevin')
    })
  })
})
```

- DELETE 方式

```
//Integration 文件夹下创建 testDelete.js，代码如下：
describe('测试 DELETE API', ( ) => {
  const id = 2

  it('DELETE 会删除一个用户', ( ) => {
    cy.request({
      method: 'DELETE',
      //删除 user 信息
      url: `http://localhost:3000/user/${id}`,
      headers: {'Content-Type': 'application/json'},
    })

    //检查 id 为 2 的 user 被删除了
    cy.request('ttp://localhost:3000/user').then((res)=>{
      expect(res.status).to.be.equal(200)
      expect(res.body.length).to.be.equal(1)
    })
  })
})
```

（5）运行测试。

在 Cypress 中以交互模式运行上述测试文件，可在命令日志中看到详细的请求及返回结果。

以上就是一个简单的 Mock Server，在实际应用中，可能还会需要如下功能：

- 更改 Mock Server 接口

```
//将 Mock Server 端口指定为 3004
E:\mockServerSample>json-server --watch db.json --port 3004
```

- 使用 HTTPS

当前大部分的服务接口都是 HTTPS 形式。json-server 也可以支持 HTTPS，具体步骤如下：

1）在项目根目录下（本例为 E:\mockServerSample）新建文件 server.js。

代码如下：

```
var fs = require('fs'),
 https = require('https'),
 jsonServer = require('json-server'),
 server = jsonServer.create( ),
 router = jsonServer.router('db.json'),
```

```
  middlewares = jsonServer.defaults();

var options = {
 key: fs.readFileSync('./key.pem'),
 cert: fs.readFileSync('./cert.pem')
};

server.use(middlewares);
server.use(router);

https.createServer(options, server).listen(3002, function() {
 console.log("json-server started on port " + 3002);
});
```

2)生成本地 SSL Cert。

你必须安装有 openssl,安装地址 https://www.openssl.org/。安装成功后,在项目根目录下(本例为 E:\mockServerSample),命令行执行如下代码:

```
//生成 cert
E:\mockServerSample>openssl req -x509 -newkey rsa:2048 -keyout key.pem -out cert.pem -days 120 -nodes
```

3)启动 json-server。

请确保你已安装 Node.js。如未安装,请访问 https://nodejs.org 进行安装。

```
//将 Mock Server 以 https 方式启动
E:\mockServerSample>node server.js
```

4)访问 HTTPS 服务。

打开浏览器访问 https://localhost:3002 即可访问 HTTPS 服务(注意,因为 SSL Cert 是我们自己生成的,故浏览器访问会有个 warning,忽略即可)。

至此,在你的测试代码编写中,即可使用 HTTPS。

- 使用自定义路由

一般我们用到的 API 路由格式均为 "xxx.domain/api/xxx",但是当前的实现方式我们只能以 "xxx.domain/xxx" 的方式访问 API,下面来改造下,使 json-server 支持这种格式的访问。

```
//在你的mockServerSample 项目下(本例为 E:\mockServerSample),新建 testRoutes.js 文件
var fs = require('fs'),
  https = require('https'),
  jsonServer = require('json-server'),
```

```
    server = jsonServer.create( ),
    router = jsonServer.router('db.json'),
    middlewares = jsonServer.defaults( );

var options = {
  key: fs.readFileSync('./key.pem'),
  cert: fs.readFileSync('./cert.pem')
};

//给路由起别名
server.use(jsonServer.rewriter({
    "/api/*": "/$1",
    "/:resource/:id/show": "/:resource/:id",
    "/posts/:category": "/posts?category=:category",
    "/articles\\?id=:id": "/posts/:id"

  }));

server.use(middlewares);
server.use(router);

https.createServer(options, server).listen(3002, function( ) {
  console.log("json-server started on port " + 3002);
});
```

路由设置好后，启动 json-server。

```
//将 Mock Server 以 https 方式启动
E:\mockServerSample>node testRoutes.js
```

然后，通过浏览器访问如下地址：

```
https://localhost:3002/api/user
//相当于访问
https://localhost:3002/user

https://localhost:3002/api/user/1
//相当于访问
https://localhost:3002/user/1

https://localhost:3002/user/1/show
//相当于访问
https://localhost:3002/user/1

https://localhost:3002/api/user?id=1
//相当于访问
```

```
https://localhost:3002/user/1
```

```
https://localhost:3002/api/user?title=kevin
//相当于模糊查询，会把所有 title =kevin 的数据罗列出来
```

也可以在测试代码中使用上面的 URL。通过这种方式，我们 Mock 出的 API 更加贴近实际 API。

- 模拟 HTTP Status Code

在 e2e 测试中，我们有时需要处理后端请求返回不是 200 的情形。Mock Server 应该支持这个需求。

1）在 E:\mockServerSample 文件夹下，新建 testHttpStatusCode.js 文件。

```
var fs = require('fs'),
  https = require('https'),
  jsonServer = require('json-server'),
  server = jsonServer.create( ),
  router = jsonServer.router('db.json'),
  middlewares = jsonServer.defaults( );

var options = {
  key: fs.readFileSync('./key.pem'),
  cert: fs.readFileSync('./cert.pem')
};

//自定义 api/user 这个路由的 http status code
//本例简单判断，POST 请求返回 400，其他请求返回 200
server.post('/api/user', (req, res) => {
    //这里写你希望的处理逻辑
    if (req.method === 'POST') {
        res.status(400).jsonp({
          error: "Bad userId"
        });
      }else {
        res.status(200).jsonp(res.locals.data);
      }
    });

server.use(middlewares);
server.use(router);

https.createServer(options, server).listen(3002, function( ) {
  console.log("json-server started on port " + 3002);
});
```

2）在你的项目 Integration 文件夹下，建立测试文件 testMock.js。

```
describe('测试 POST API', ( ) => {
  const item = {"id":210, "title": "kevin", "name": "kevin" }

  it('POST 会新增一个用户', ( ) => {
    //检查 user 内容增加了。
    cy.request('https://localhost:3002/user').then((res)=>{
      expect(res.status).to.be.equal(200)
      expect(res.body.length).to.be.equal(5)
    })

    cy.request({
      method: 'POST',
      //添加 user 信息
      url: 'https://localhost:3002/api/user',
      headers: {'Content-Type': 'application/json'},
      body: item
    })
  })
})
```

3）启动 json-server。

```
//将 Mock Server 以 https 方式启动
E:\mockServerSample>node testHttpStatusCode.js
```

4）运行 testMock.js。

在 Cypress 中以交互模式运行 testMock.js，你将发现本例中 GET 请求正常返回，POST 请求直接返回 400。

- 自动生成 Mock 数据

Mock 数据的生成，可以采用测试工程师直接写到文件的方式，也可以采用程序的方式自动生成。

faker.js 是用于生成伪造数据的 JavaScript 库，它常用来 Mock 各种数据。使用 faker.js 生成数据的步骤如下：

1）安装 faker.js。

```
E:\mockServerSample>npm install faker --save-dev
```

2）生成 data.json 文件。

```
//在 E:\mockServerSample 文件夹下新建 testMockDataGen.js
```

```
const faker = require('faker');
const fs = require('fs');

function generateUsers( ) {

  let users = []

  for (let id=1; id <= 100; id++) {

    let name = faker.name.firstName( ) + faker.name.lastName( );
    let title = faker.name.jobTitle( );

    users.push({
        "id": id,
        "name": name,
        "title": title
    });
  }

  return { "data": users }
}

let dataObj = generateUsers( );

fs.writeFileSync('data.json', JSON.stringify(dataObj, null, '\t'));
```

3）启动 json-server。

```
//将 Mock Server 以 https 方式启动
E:\mockServerSample>node testMockDataGen.js
```

查看 data.json 文件，你将看到数据已经正确生成。

至此，一个 Mock Server 常用的功能都已经实现。下面总结下搭建一个 HTTPS 的，使用自定义接口的，能自动生成数据的，设置了自定义路由的，能模拟 HTTP Status Code 的 Mock Server 搭建步骤。

1）创建一个项目。

2）安装 json-server，安装 Node.js。

3）设置 package.json。

4）编写 server.js 文件（生成 db.json，SSL Cert，设定端口，模拟 HTTP 返回）。

5）启动 Mock Server。

12.2 Cypress 自带 Mock

在上一节中，我们实现了一个 Mock Server 来模拟接口返回值和 HTTP Status Code 返回问题，但仍有一个问题亟待解决：如何实现当我们想用 Mock Server 返回的时候就用 Mock Server，当不想用 Mock Server 时候就请求真实的服务呢？

利用 Cypress 自带的命令 cy.intercept( )，无须自己搭建 Mock Server，就能模拟接口请求的各种返回及路由跳转。从 Cypress 版本 6.0.0 开始，cy.intercept()替代 cy.route()用于捕获、控制和更改网络请求。其用法如下：

- 仅仅捕获网络请求

```
cy.intercept(url)
cy.intercept(method, url)
cy.intercept(routeMatcher)
```

其中，url，method 和 routeMatcher 三个参数用于网络请求的匹配。填写法则如下：

url 的填写法则，一般是全部或者一段 url 地址，支持表达式，例如：

```
// 匹配 https://cypress.io/users 这个 url
cy.intercept('https://cypress.io/users')

// 所有含有 account 的 url 均匹配
cy.intercept('**/account/*')
```

关于 url 的全面用法，请参考 https://docs.cypress.io/api/commands/intercept#Matching-url。

method 的填写法则，一般为请求的方法，例如 GET，POST 等。例如：

```
// 所有含有 account 的,且请求方法是 POST 的 url 均匹配
cy.intercept('POST','**/account/*')
```

关于 method 的全面用法，请参考 https://developer.mozilla.org/en-US/docs/Web/HTTP/Methods。

routeMatcher 是一个对象，用于将传入的 HTTP 请求与此截获的路由进行匹配。例如：

```
//以下两种写法的结果是一样的
//这种是 cy.intercept(routeMatcher)用法
cy.intercept({method:'POST',url:'**/account/*'})

//这种是 cy.intercept(method, url) 用法
cy.intercept('POST','**/account/*')
```

routeMatcher 支持很多属性，这些属性全部是可选的，但所有设置的属性都必须匹配才能拦截请求。下面列出其支持的属性。

可选参数	参数描述
auth	HTTP 的基本认证信息
headers	HTTP 请求头
hostname	HTTP 请求的主机名
https	true: 仅捕获安全的请求（以 https://开头的请求），false: 仅捕获不安全的请求 (http://)
method	HTTP 请求方法。具体的值参考 method 的填写法则
middleware	true: 首先按照定义的顺序匹配路由，false: 按照相反的顺序匹配路由（默认）
path	主机名后的 HTTP 请求路径，包括查询参数
pathname	跟 path 类似，但是不包括查询参数
port	HTTP 请求端口 (number 类型 或者 Array 类型)
query	解析的查询字符串对象
times	最大匹配次数（次数）
url	完整的 HTTP 请求 URL

更多关于 routeMatcher 的用法，请参考 https://docs.cypress.io/api/commands/intercept#Waiting-on-a-request 。

- 捕获网络请求并返回预定义的值

除了捕获网络请求，cy.intercept()还可以直接代替服务器端返回一个预定义的值，这也是 cy.intercept（）的经典用法。其语法如下：

```
cy.intercept(url, staticResponse)
```

```
cy.intercept(method, url, staticResponse)
cy.intercept(routeMatcher, staticResponse)
cy.intercept(url, routeMatcher, staticResponse)
```

其中，staticResponse 是一个预定义的静态响应，用于模拟服务端的返回值。下面举几个常用的例子。

```
//捕获所有 URL 里含有 projects 的请求，并返回一个 body 对象，其值为一个包含所有 projectId 的列表
cy.intercept('**/projects',{body:[{projectId:'1'},{projectId:'2'}],})

//针对所有的请求，直接强制服务器返回 404 错误
cy.intercept('**/*',{statusCode:404,body:'404 Not Found!',headers:{'x-not-found':'true',},})
```

更多关于捕获并直接返回的例子，请参考 https://docs.cypress.io/api/commands/intercept#StaticResponse-objects。

- 使用 routeHandler 函数来模仿服务器响应

如果说上述两个方法能让你快速地感受 Mock Server 的魅力，那么 routeHandler 能让你应对更加复杂的请求及响应。通过将 routeHandler 函数指定为 cy.intercept( ) 的最后一个参数，你将可以掌控"从客户端发送请求，到服务器端做出响应"的整个流程，并能够修改客户端发出来的请求、操纵真实响应、做出断言等。

routeHandler 的用法如下：

```
cy.intercept(url, routeHandler)
cy.intercept(method, url, routeHandler)
cy.intercept(routeMatcher, routeHandler)
cy.intercept(url, routeMatcher, routeHandler)
```

下面举几个个常见的例子。

```
//1. 强制给所有的网络请求加上一个名为 x-Token 的 header
//这个方法在微服务分支测试时非常有用
cy.intercept('**/*',(req)=>{
req.headers['x-Token']='iTesting'}).as('addHeader')

// 2. 断言以 users 结尾的 url，其 POST 请求中包含 iTesting
cy.intercept('POST','**/users',(req)=>{
```

```
expect(req.body).to.include('iTesting')})

//3. 强制服务器返回200，并且指定返回内容来自 users.json 文件
cy.intercept('GET','/users',(req)=>{
req.reply({statusCode:200,
fixture:'users.json'})
})
```

更多关于 routeHandler 的用法，请参考
https://docs.cypress.io/api/commands/intercept#Intercepted-requests。

12.2.1 截获接口返回值

GET 请求举例如下：

```
//截获所有包括/users 的请求的返回值，并设置别名为 getUsers
//如果未传递 response，则使用真实的服务器返回
cy.intercept('**/users').as('getUsers')
//使用 visit 触发这个路由请求
cy.visit('/users')
//等待别名代表的资源解析，再去执行断言
cy.wait('@getUsers').then((xhr)=>{
    expect(xhr.status).to.eq(200)
})
```

POST 请求举例如下：

```
cy.intercept('POST', '**/users').as('postUser')
cy.intercept('GET', '**/users/details').as('getUser')
cy.visit('/users')
//在 view-details 上单击，将触发两个接口请求
cy.get('#view-details').click( )
//等待两个接口请求都返回
cy.wait(['@postUser', '@getUser'])
```

12.2.2 更改接口返回值

使用 Cypress 可以自定义要返回的 HTTP 状态码（HTTP Status Code）和返回体（Response Boby）。我们仍以登录为例，演示如何改变接口返回值。

（1）启动演示项目。

```
//在你的目标文件夹下,克隆项目
E:\>git clone https://github.com/cypress-io/cypress-example-recipes.git

//克隆成功后,依次执行如下命令
E:\>cd cypress-example-recipes
E:\cypress-example-recipes>cd examples
E:\cypress-example-recipes\examples>cd logging-in__xhr-web-forms
E:\cypress-example-recipes\examples\logging-in__xhr-web-forms>npm start
```

- 在浏览器中访问 http://localhost:7079/ 以确认项目启动成功。

(2)编写测试用例。

在 Integration 文件夹下,创建测试文件 testAPIChange.js。

```
//testAPIChange.js
describe('测试 Cypress 自带 Mock', function () {

  const username = 'jane.lane'
  const password = 'password123'

  it('正常登录,由于 mock 报 503 错', function () {
    cy.intercept({
      method: 'POST',
      url: '/login',
      status: 503,
      response: {
        success: false,
        data: 'Not success',
      },
```

第 13 章

模块 API

在前面的章节中介绍 Cypress 运行时，通常采用 cypress run 或者 cypress open 命令。但这不是 Cypress 唯一的运行方式。

Cypress 允许你将它视为一个 Node Module 来运行。这种使用方式可以使你更加灵活地定制测试行为，比如：

- 挑选测试用例运行；
- 整合所有测试用例，提供一份完整 HTML 格式的测试报告；
- 重新运行单个失败的 spec 文件；
- 针对失败的用例，发送通知给用户，并且附带错误截图。

模块 API 支持如下两个命令：cypress.run( )和 cypress.open( )。

13.1 cypress.run( )

cypress.run( ) 支持的参数跟 cypress run 支持的参数一样，具体请参考第 7 章 cypress run 部分。

一个 cypress.run( )的例子如下：

```
//cypress.run( )实例
const cypress = require('cypress')

describe('ModuleAPIExample', ( ) =>{
  beforeEach(( )=>{
    console.log('test')
  })

  it('test Module API', ( ) =>{
    cypress.run({
        //要测试的 spec
      spec: './iTesting.js',
```

```
      //运行的配置文件
      config: '../../cypress.json'
  })
  .then((results) => {
    console.log(results)
  })
  .catch((err) => {
    console.error(err)
  })

})
})
```

13.2 cypress.open( )

cypress.open( )支持的参数跟 cypress open 支持的参数一样，具体请参考第 7 章 cypress open 部分。

一个 cypress.open( )的例子如下：

```
//cypress.open( )实例
const cypress = require('cypress')

describe('ModuleAPIExample', ( ) =>{
  beforeEach(( )=>{
    console.log('test')
  })

  it('test Module API', ( ) =>{
    cypress.open( )
  })
})
```

13.3 Module API 实践

13.3.1 挑选测试用例运行

挑选测试用例执行是测试框架中不可或缺的功能，在前面章节也演示过如何实现。下面我们用 Module API 方式实现它。

首先，安装依赖包。

```
//务必切换到你的项目根目录下（例如 E:\Cypress）执行

//安装 globby
npm install globby --save-dev

//安装 console.table
npm install console.table --save-dev
```

其次，在 E:\Cypress\cypress\integration 文件夹下，创建如下 3 个测试文件。

```
//第一个文件 first-spec.js，代码如下
///<reference types="cypress" />
describe('第一个用例', ( ) => {
  it('测试 Module API', ( ) => {
    expect(1).to.equal(1)
  })

  it('测试 Module API', ( ) => {
    expect(2).to.equal(2)
  })
})


//第二个文件 second-spec.js，代码如下
///<reference types="cypress" />
describe('第二个用例', ( ) => {
  it('测试 Module API', ( ) => {
    expect(1).not.equal(2)
  })
})


//第三个文件 third-spec.js，代码如下
///<reference types="cypress" />
describe('第 3 个用例', ( ) => {
  it('测试 Module API', ( ) => {
    expect('iTesting').to.equal('iTesting')
  })
})
```

然后，在项目根目录下（E:\Cypress）建立 testPickRunSimple.js，代码如下：

```
//testPickRunSimple.js
///<reference types="cypress" />
```

```javascript
const cypress = require('cypress')
const globby = require('globby')
const Promise = require('bluebird')
const fs = require('fs')
require('console.table')

//待运行用例，实际项目中你从外部文件读入
//本例简写，仅为演示 Module API 的使用
const constFileList = ['./cypress/integration/first-spec.js',
'./cypress/integration/third-spec.js']

//判断仅运行存在于 constFileList 中的测试用例
const filterCaseToRun = (filenames) => {
  const withFilters = filenames.map((filename) => ({
    filename,
    run: constFileList.includes(filename),
  }))

  for (const i in withFilters) {
    if (withFilters[i].run !== true) {
      withFilters.splice(i, 1)
    }
  }
  return withFilters
}

const runOneSpec = (spec) =>
  cypress.run({
    config: {
      video: false,
    },
    spec: spec.filename,
  })

globby('./cypress/integration/*-spec.js')
.then(filterCaseToRun)
.then((specs) => {
  console.table('测试现在开始,仅允许 constFileList 中的用例运行', specs)
  return Promise.mapSeries(specs, runOneSpec)
})
.then((runsResults) => {
  //你可以定制你的测试报告或者对测试结果进行处理
  //本例仅用来演示 Module API

  const summary = runsResults
```

```
  .map((oneRun) => oneRun.runs[0])
  .map((run) => ({
    spec: run.spec.name,
    tests: run.stats.tests,
    passes: run.stats.passes,
    failures: run.stats.failures,
  }))
  console.table('测试结果一览', summary)
})
```

最后，切换到项目根目录（E:\Cypress）下，在命令行中执行如下指令：

```
node testPickRunSimple.js
```

如图 13-1 所示，仅第一个和第三个测试用例执行了。测试结果也打印在 Console 里。

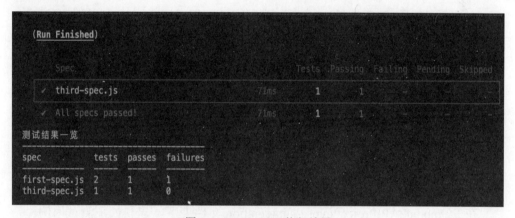

图 13-1 Module API 执行结果

13.3.2 Module API 完整项目实践

在前面的章节介绍过，如何动态更改环境变量，如何挑选测试用例运行，动态挑选测试用例执行（不改变代码）及如何生成测试报告（每个测试文件一个报告）。

从版本 3.0 开始，Cypress 将每个测试文件单独隔离执行了，这就导致 Cypress 的报告也是隔离的（每个测试文件一个），但是我们希望一次执行仅生成一份融合的测试报告。

本节以一个完整项目为例，依托 Module API，实现上述功能及融合测试报告。步骤如下。

（1）建立项目。

```
//在你的目标文件夹下例如 E:，执行如下命令
mkdir moduleAPIProject
```

（2）生成 package.json 文件。

```
//进入项目文件夹 E:\ moduleAPIProject
Cd moduleAPIProject

//执行如下命令，根据提示填写各项项目配置信息
//配置信息也可以直接按 Enter 键确认
npm init
```

（3）本地安装 Cypress。

```
//本地安装 Cypress，请确保 yarn 已经安装
yarn add cypress --dev
```

（4）初始化 Cypress。

```
//初始化 Cypress
yarn cypress open
```

初始化结束后，Cypress 会自动生成 examples 文件夹到你的 Cypress 目录下，删除即可。

（5）编写测试用例。

在 E:\ moduleAPIProject\cypress\integration 文件夹下，建立如下测试用例。

```
//第一个文件 first-spec.js，代码如下
///<reference types="cypress" />
describe('第一个用例', ( ) => {
  it('测试 Module API', ( ) => {
    expect(1).to.equal(1)
  })

  it('[smoke]测试 Module API', ( ) => {
    expect(2).to.equal(2)
  })
})


//第二个文件 second-spec.js，代码如下
```

```
///<reference types="cypress" />
describe('[smoke]第二个用例', ( ) => {
  it('测试 Module API', ( ) => {
    expect(1).not.equal(2)
  })
})


//第三个文件 third-spec.js，代码如下
///<reference types="cypress" />
describe('第 3 个用例', ( ) => {
  it('[smoke]测试 Module API', ( ) => {
    expect('iTesting').to.equal('iTesting')
  })
})
```

（6）编写动态挑选测试用例运行代码。

在 E:\moduleAPIProject\cypress 文件夹下，建立 utils 文件夹，在此文件夹下新建 PickTestsToRun.js。

```
//PickTestsToRun.js
/*本段代码更改 it 和 describe 的行为，使之实现类似 mocha 中的 grep 功能
接受如下 4 个参数：
1. -i <value>，仅运行指定的 it( )。该 it( )的描述中含有<value>
2. -I <value>，仅运行 describe( )。该 describe( )的描述中含有<value>
3. -e <value>，排除运行 it( )。该 it( )的描述中含有<value>
4. -E <value>，排除运行 describe( )。该 describe( )的描述中含有<value>
*/
function pickIts( ) {
  if (global.it.itHadSet) return

  const include = Cypress.env('i') && Cypress.env('i').split(',')
  const exclude = Cypress.env('e') && Cypress.env('e').split(',')

  const originIt = it

  global.it = function (...rest) {
    const itDesc = rest[0]

    if (include) {
      if (include.findIndex(item => itDesc.indexOf(item) > -1) > -1) {
        originIt(...rest)
      }
    }
```

```javascript
    if (exclude) {
      if (!(exclude.findIndex(item => itDesc.indexOf(item) > -1) > -1)) {
        originIt(...rest)
      }
    }

    if (!exclude && !include) {
      originIt(...rest)
    }
  }

  global.it.itHadSet = true
}

function pickDescribes( ) {
  if (global.describe.describeHadSet) return

  const include = Cypress.env('I') && Cypress.env('I').split(',')
  const exclude = Cypress.env('E') && Cypress.env('E').split(',')

  const originDescribe = describe

  global.describe = function (...rest) {
    const describeDesc = rest[0]

    if (include) {
      if (include.findIndex(item => describeDesc.indexOf(item) > -1) > -1) {
        originDescribe(...rest)
      }
    }

    if (exclude) {
      if (!(exclude.findIndex(item => describeDesc.indexOf(item) > -1) > -1)) {
        originDescribe(...rest)
      }
    }

    if (!exclude && !include) {
      originDescribe(...rest)
    }
  }
```

```
    global.describe.describeHadSet = true
}

pickIts( )
pickDescribes( )
```

（7）动态挑选用例配置及动态更改运行环境配置。

在 E:\moduleAPIProject\cypress\support\index.js 文件里，引入 PickTestsToRun.js，及动态配置测试环境。

```
//引入 PickTestsToRun
require('../utils/PickTestsToRun')

//动态指定运行环境
beforeEach(( ) => {
    const targetEnv = Cypress.env('testEnv') || Cypress.config('targetEnv')
    cy.log(`Set target environment to: \n ${JSON.stringify(targetEnv)}`)
    cy.log(`Environment details are: \n ${JSON.stringify(Cypress.env(targetEnv))}`)
    Cypress.config('baseUrl', Cypress.env(targetEnv).baseUrl)
    cy.log('Now the test starting...')
})
```

（8）配置项目文件 cypress.json。

```
//仅用作演示 ModuleAPI 项目
//根目录 E:\ moduleAPIProject 文件夹下
{
    "targetEnv": "staging",
    "baseUrl": "http://www.helloqa.com",
    "env": {
        "staging": {
            "baseUrl":"http://www.staging.helloqa.com",
            "username": "stagingUser",
            "password": "stagingPwd"
        },
        "prod": {
            "baseUrl":"http://www.helloqa.com",
            "username": "User",
            "password": "Pwd"
        }
    }
}
```

（9）编写 Module API 运行项目及融合测试报告代码。

在项目根目录下（本例为 E:\moduleAPIProject），建立 moduleRunIndex.js。

```
///<reference types="cypress" />

const cypress = require('cypress')
const fse = require('fs-extra')
const { merge } = require('mochawesome-merge')
const generator = require('mochawesome-report-generator')
var colors = require('colors');①
const program = require('commander');
const moment = require('moment')

program
  .requiredOption('-t, --targetEnvironment <string>', 'Specify the running Env', 'staging')
  .requiredOption('-s, --specFile <string>', 'Spec the running file path', 'cypress/integration/*')
  .option('-i, --onlyRunTest <string>', 'Only run the test cases in it( ). for example -i smoke, run cases that contains smoke in description', '[smoke]')
  .option('-e, --excludeTest <string>', 'Exclude to run the test cases in it( ), for example -e smoke, exclude to run cases that contains smoke in description')
  .option('-I, --onlyRunSuites <string>', 'Only run the test suits in describe( ), for example -I smoke, run test suites that contains smoke in description')
  .option('-E, --excludeSuites <string>', 'only run the test suits in describe( ), for example -E smoke, exclude to run run test suits that contains smoke in description')
  .allowUnknownOption( )
  .parse(process.argv)

var envParams;
var args = program.opts( );
envParams = `testEnv=${args.targetEnvironment}`

if(args.onlyRunTest) envParams = envParams.concat(`,i=${args.onlyRunTest}`);
if(args.excludeTest) envParams = envParams.concat(`,e=${args.excludeTest}`);
```

---

① 请确保 colors、commander、moment 均已在本地安装。如未安装，则使用 npm install 的方式安装。

```js
if(args.onlyRunSuites) envParams =
envParams.concat(`,I=${args.onlyRunSuites}`);
if(args.excludeSuites) envParams =
envParams.concat(`,E=${args.excludeSuites}`);

function getTimeStamp ( ) {
  let now = new moment( ).format('YYYY-MM-DD--HH_mm_ss')
  return now
}

const currRunTimestamp = getTimeStamp( )

const sourceReport = {
  reportDir: `${'reports/' + 'Test Run - '}${currRunTimestamp}/mochawesome-report`,
}


const finalReport = {
  reportDir: `${'reports/' + 'Test Run - '}${currRunTimestamp}`,
  saveJson: true,
  reportFilename: 'Run-Report',
  reportTitle: 'Run-Report',
  reportPageTitle: 'Run-Report',
}

async function mergeReport( ) {
  console.log(`The target Environment are set to: ${program.targetEnvironment}`.bold.yellow)
  console.log(`The target TestPath are set to: ${program.specFile}`.bold.yellow)
  console.log(`The running Env are : ${envParams}`.bold.yellow)

  fse.ensureDirSync(sourceReport.reportDir)

  const { totalFailed } = await cypress.run({
    spec: `${args.specFile}`,
    //Cypress run with provided parameters.
    env: envParams,
    browser: 'chrome',
    config: {
      pageLoadTimeout: 10000,
      screenshotsFolder: `${sourceReport.reportDir}/screenshots`,
      video: false,
      videosFolder: `${sourceReport.reportDir}/videos`,
    },
```

```
      reporter: 'mochawesome',
      reporterOptions: {
        reportDir: sourceReport.reportDir,
        overwrite: false,
        html: true,
        json: true,
      },
    })
    const jsonReport = await merge(sourceReport)
    await generator.create(jsonReport, finalReport)
    process.exit(totalFailed)
}

mergeReport()
```

(10)配置 package.json 文件。

在 E:\ moduleAPIProject\ package.json 中,scripts 代码块,更改如下:

```
//仅仅列出 scripts 模块的改动
scripts: {
    "ModuleRun": "node moduleRunIndex.js"
}
```

(11)安装测试报告融合依赖。

```
//安装 Mochascme
npm install mochawesome -D

//以下安装切换至项目根目录下进行(E:\ moduleAPIProject)

//安装 mocha
npm install mocha@5.2.0 --save-dev

//安装 mochawesome-merge
npm install mochawesome-merge --save-dev

//安装 commander
npm install commander --save-dev

//安装 mochawesome-report-generator
npm install mochawesome-report-generator --save-dev
```

(12)指定参数运行测试并查看结果。

```
//指定环境为 prod
```

```
//运行所有包含[smoke]字样的it( )
//你可以根据实际需要更改测试环境及测试配置
//命令行定义的参数均在第 9 步中
//在目录 E:\ moduleAPIProject 下执行如下命令
yarn ModuleRun -t prod -i '[smoke]'
```

运行后查看测试报告，如图 13-2 所示。

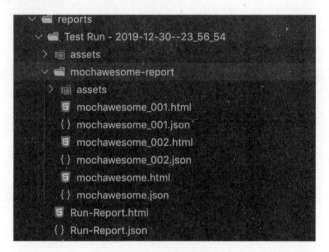

图 13-2 融合的测试报告

你将发现，通过改造后的 Module API 方式运行，每次测试运行都将在 reports 文件夹下面生成带时间戳的子文件夹，这个文件夹里包括了本次所有运行的测试用例执行情况及其测试报告。可以看到，测试运行不仅为每条测试用例单独生成了测试报告（mochawesome_001.html 和 mochawesome_002.html），还生成了融合的测试报告（Run-Report.html），融合的测试报告使得我们可以在一个文件中聚合所有本次运行的测试用例执行情况。

至此，一个完整的 Module API 项目就完成了。通过 Module API 项目，可以整合 Cypress 的各项高阶功能。

第五部分

前端自动化测试框架
高 级 篇
——持续集成实践

第 14 章

Cypress 持续集成实践

14.1 持续集成简介

随着公司对项目质量的不断重视，DevOps 自动化流水线逐渐变成衡量项目技术成熟度的一个标准。在 DevOps 自动化流水线中，最重要的环节就是持续集成（Continuous Integration，简称 CI）和持续交付/持续部署（Continuous Delivery 和 Continuous Deployment，两者简称 CD）。

CI/CD 的出现，提高了软件开发的质量，缩短了软件开发生命周期。一个典型的 CI/CD 流程包含如下阶段：

- 构建阶段

开发人员提交代码后，由 CI 工具出发自动构建，打包。

- 自动测试（主要是 UT，门禁作用）

构建完成后，通过 webhook 或者其他方式触发测试。

- 自动部署（部署到测试环境）

测试通过后，自动部署到测试环境进行进一步测试。

- 自动测试（主要是集成和 e2e 测试）。

通过自动化集成测试或者端到端（e2e）验收测试，来验证包括功能、性能在内的各项功能（同时这一阶段还会有大量的手工测试）。

- 自动发布（测试成功后发布到生产环境）

测试通过后，通过蓝绿部署、灰度发布等方式发布，同时执行生产环境监控，直至所有服务器发布至最新版本。

CI/CD 整个过程是循环的。可以看到，自动化测试不仅在代码合并入库时起到门禁作用，还在自动化部署后承担了质量关卡的重担。

14.2 Cypress 并行执行测试

由于现代 Web 应用的业务比较复杂，自动化测试的用例会随着项目迭代越来越多，如果自动化测试执行的时间过长，势必会影响到 CI/CD 流水线的交付速度，所以需要并发运行测试用例以加速交付速度。

Cypress 支持"并发"[①]测试。当我们的测试用例在持续集成中运行时，Cypress 可以把测试用例分发到不同的测试机器上运行，以减少测试时间。

Cypress 并行运行测试的原理如图 14-1 所示。

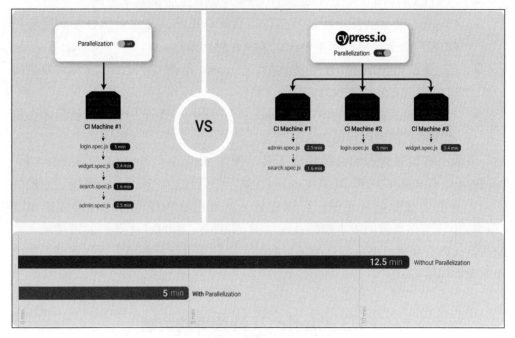

图 14-1 Cypress 并行执行测试原理

由此可见，Cypress 并行执行是通过一个并行开关（Parallelization）实现的。这个开关实际上是一个名为"--parallel"的参数，并且这个参数仅仅在持续集成环境中被指定时才生效。在持续集成环境搭建完毕后，Cypress 通过负载均衡（Load Balance）策略将测试用例分发到不同的客户机上执行。

---

① 由于 JavaScript 单线程的特性，JavaScript 的"并发"其实是并行（parallelism），准确起见，本书后续称并行。

使用 Cypress 在持续集成环境进行并行测试，还需要指定 Cypress 以 "--record"方式运行。"--record" 参数能确保 Cypress 并行运行的数据被正确收集，使用"--record" 参数还允许你查看 Cypress 提供的"看板服务（Dashboard Service）"。看板服务可以使你轻松访问每次测试执行的记录，并且提供了详细报表，可以使你更深入了解被测项目。

在并行运行模式下，Cypress 看板服务与你的 CI 机器交互，并且通过其负载均衡来协调测试运行在哪个空闲的 CI 客户机，详细过程如下：

- CI 机器跟 Cypress 看板服务交互以指示要运行的测试文件。
- 收到 CI 的请求后，Cypress 将估算每个测试文件的测试时间。
- Cypress 根据估算，通过其负载均衡策略把测试文件一一分发到空闲的 CI 客户机上，以确保整个测试的执行时间最短。
- 当 CI 机器完成被分配的测试后，Cypress 会继续分发测试文件，直到所有的测试文件均被执行完毕。
- 当所有测试被执行完毕后，Cypress 会等待一个配置的时间，然后才会将本次测试视为运行结束。

市面上有很多优秀的持续集成工具，例如 Jenkins、Travis CI、Circle CI、TeamCity、GitLab CI 等。其中 Circle CI 是一个开源的、基于云的系统。它提供了一个免费的企业项目计划，可以使你无须专用服务器即可进行持续集成。Circle CI 可与你当前的版本控制系统（如 GitHub、Bitbucket 等）紧密集成，实现一旦代码有变更，便根据你的项目配置，自动提供运行环境，执行测试、构建和部署你的服务。

14.3 Circle CI 持续集成实践

14.3.1 Circle CI 集成 Github

本节将以 Circle CI 为例，辅助 Github，详细介绍如何利用 Cypress 在持续集成环境中进行并行测试。

（1）创建测试项目。

在目标文件夹创建你的测试项目（命名为 CypressCIDemo）。

```
//生成项目根目录
E:\>mkdir CypressCIDemo
```

在第 13 章中，笔者带领大家完整实现了一个项目。你可以重用这个项目，也可以自行创建测试项目。

为了模拟持续部署，笔者将第 12 章中介绍的 Mock Server 也集成进本测试项目中，读者也可自行添加自己的 Web 服务。

方便起见，可以直接从 Github 上下载此项目代码。地址为：
https://github.com/Light07/cypressCIDemo.git。

（2）安装服务依赖。

既然我们创建了服务（本例为 Mock Server）并且要测试它，那么测试前必须确保我们的服务正确启动，否则可能导致服务还未启动成功测试已经开始执行的情况。

Cypress 提供了一个包可以确保测试在服务启动后执行。

```
//进入项目 根目录(本例为 E:\CypressCIDemo)
//安装 start-server-and-test
E:\CypressCIDemo>npm install --save-dev start-server-and-test
```

（3）配置并运行项目。

安装好项目依赖包后，更改 package.json 文件如下：

```
//仅列出 scripts 相关部分
//start 部分的命令用于启动我们的服务
//test 部分的命令确保服务启动后，再去执行 cy: run 命令
"scripts": {
    "cy:run": "yarn cypress run",
    "debug": "yarn cypress open",
    "start": "node server.js",
    "test": "START_SERVER_AND_TEST_INSECURE=1 start-server-and-test start https-get://localhost:3002 cy:run"
  }
```

在本地运行测试，验证服务和代码的正确性。

```
//进入项目 根目录(本例为 E:\CypressCIDemo)，运行测试
E:\CypressCIDemo>yarn test
```

（4）把 CypressCIDemo 项目代码上传至 Github。

如何用 Github 创建账户、创建代码库、上传项目代码，不在本书讨论范围内，请读者自行查阅资料创建代码块并上传代码。

（5）集成 Github 及 Circle CI。

打开 Circle CI 网站（https://circleci.com/vcs-authorize），使用 Github 账户登录，并且选择 Authorize Circle CI。登录成功后，将看到如图 14-2 所示的窗口。

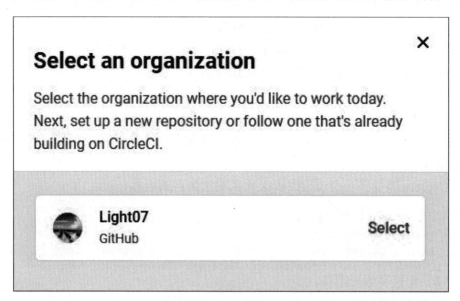

图 14-2 选择组织

单击"Select"按钮，将看到如图 14-3 所示的页面。

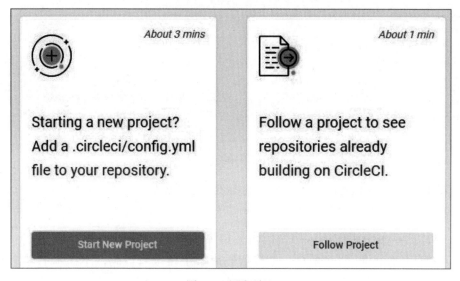

图 14-3 新建项目

单击"Start NewProject"按钮，Circle CI 会列出你的 Github 账户中所有的代码库，如图 14-4 所示。

图 14-4 设置项目

单击"CypressCIDemo"项目右侧的"Set Up Project"按钮，设置项目，如图 14-5 所示。

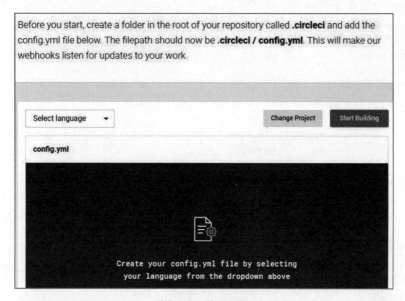

图 14-5 项目配置

根据你项目的开发语言，在"Select language"下拉列表中选择你的目标语言，选中 Node 后，Circle CI 会自动根据你的选择生成 config.yml 模板文件。

config.yml 文件里是对 Circle CI 的各项配置，当你在 Github 中的代码改变触发 Circle CI 时，Circle CI 根据此配置对你的代码进行部署、测试等操作。

将 config.yml 模板内容拷贝下来，根据你的项目实际更改，产生你自己的 yml 配置文件并将它放入你的 Github 项目中（本例为 CypressCIDemo），具体步骤如下：

- 创建 config.yml 文件并提交

回到你的项目（CypressCIDemo）根目录，在其中创建 ".circleci" 文件夹，并在其下创建名称为 config.yml 的配置文件，根据上一步骤产生的模块，结合项目实际，更改如下：

```yml
jobs:
  build:
    docker:
        #指定要使用的安装了 Cypress 的 Docker 镜像
      - image: cypress/base:10
      - image: circleci/node:10

        environment:
           #此配置支持输出时加入颜色，以方便区分
           TERM: xterm
    working_directory: ~/app
    #并行数目，此项的值决定了 Circle CI 为我们配置的客户机数量
    parallelism: 2
    steps:
      - checkout
      - restore_cache:
          keys:
            - v2-deps-{{ .Branch }}-{{ checksum "package-lock.json" }}
            - v2-deps-{{ .Branch }}-
            - v2-deps-
      - run: npm ci
      - save_cache:
          key: v2-deps-{{ .Branch }}-{{ checksum "package-lock.json" }}
          paths:
            - ~/.npm
            - ~/.cache
      #安装所依赖的包
      - run:
          name: install dependency
```

```yaml
        command: yarn
#运行测试，command 里定义的命令，对应 package.json 里相应部分
- run:
      name: Running e2e tests
      command: yarn test
#测试结果
- store_test_results:
      path: junit-results
#保存视频和截图
- store_artifacts:
      path: cypress/videos
- store_artifacts:
      path: cypress/screenshots
```

关于 config.yml 文件及其配置，你可以通过如下链接（https://circleci.com/docs/2.0/configuration-reference/）查询更加详细的文档，在此不再赘述。

将 config.yml 文件提交（commit，push）至 Github 项目中。

- 配置 Github Webhooks

你还可以根据实际需要配置哪些操作可以触发 Circle CI 的 CI/CD 过程。方式为登录你的 Github 账户，在你的项目下单击"Settings"按钮，然后在跳转后的页面的左侧面板看到 Webhooks 选项，如图 14-6 所示。

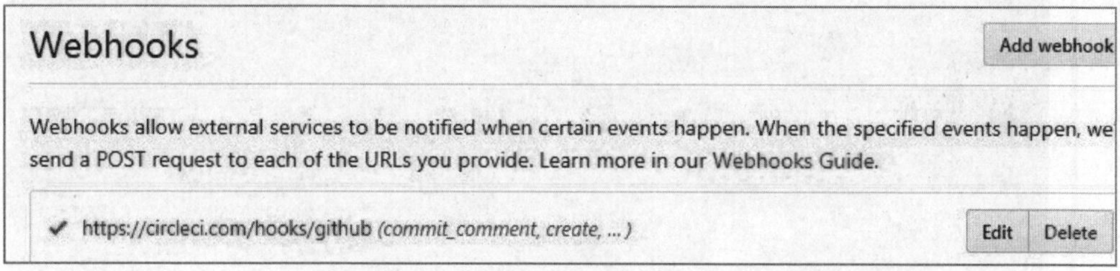

图 14-6 Webhooks 选项

单击"Webhooks"，配置 hooks 选项（单击 Edit 按钮）。默认情况下，当你的代码有"Pull requests""Push"等操作时，会自动触发 Webhooks 执行相应任务，你也可以根据项目需要自行更改。

（6）回到 Circle CI，启动 Build。

回到上一步中的 Circle CI 的 config 配置页面，单击"Start Building"按钮，出现如图 14-7 所示的页面。

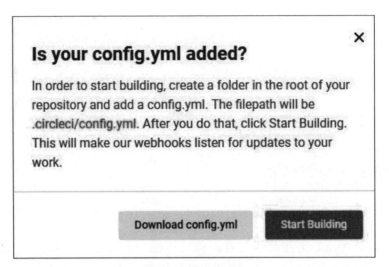

图 14-7 开启构建页面

再次单击"Start Building"按钮,你将看到 build 已经开始执行。Circle CI 根据你 config.yml 配置的 Docker 镜像,生成一个 Container 帮你执行本次的 build 及后续的测试。你可以观察测试运行情况,如图 14-8 所示。

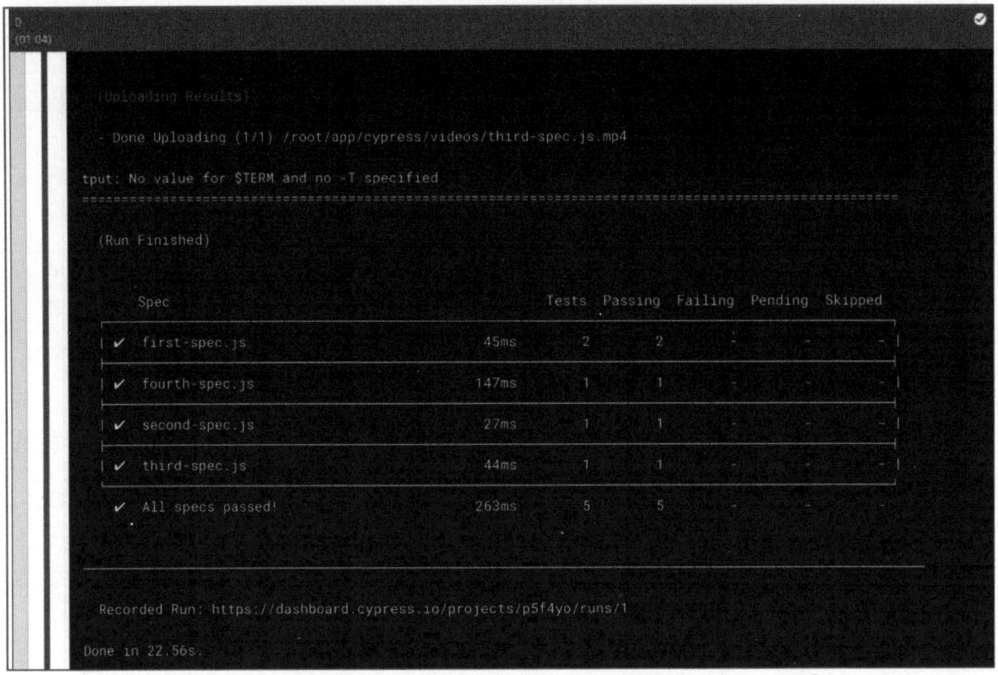

图 14-8 自动构建的测试运行结果

测试完成后，Circle CI 将为你展示本次运行的概述和执行配置。你还可以通过单击"Artifacts"按钮查看本次运行保存的文件，如图 14-9 所示。

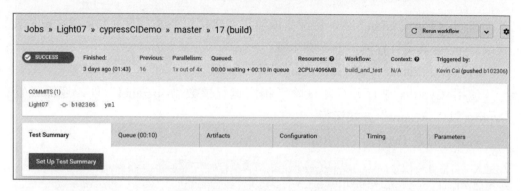

图 14-9 Circle CI 项目构建概述

通过打开 Circle CI 的 Dashboard 页面（https://circleci.com/dashboard），还将看到你的历次执行记录，如图 14-10 所示。

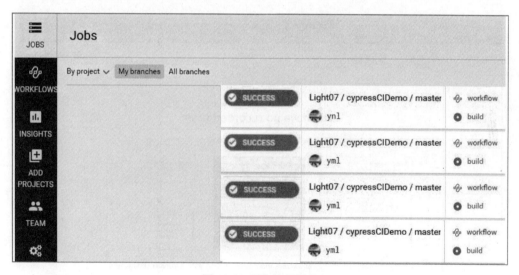

图 14-10 历次执行记录

至此，Circle CI 和 Github 已成功集成。

Circle CI 还提供了一个功能，即当你的测试运行失败时，你将收到一封邮件通知。通过这个功能，你能够及时掌握项目的质量情况。

14.3.2 Circle CI 集成 Cypress

Circle CI 集成 Github 后，持续集成流程就建立起来了。下面来介绍 Circle CI 集成 Cypress 实现并行测试的详细步骤。

（1）Test Runner 中启动 "--record"。

使用 Cypress 进行并行测试除了指定运行参数 "--parallel" 外，还需设置 Cypress 以 "--record" 方式运行。

首先，打开 Cypress Test Runner。

```
//进入项目根目录(本例为 E:\CypressCIDemo)，执行如下语句
//请确保你的 package.json 中 scripts 模块包含"debug": "yarn cypress open"
E:\CypressCIDemo>yarn debug
```

在打开的 Test Runner 中，选择 "Runs" 来设定要 Record 的项目，如图 14-11 所示。

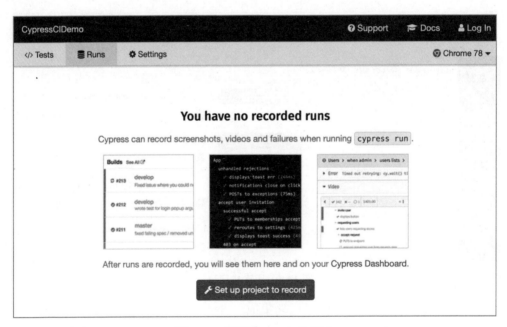

图 14-11 设置要 Record 的项目

单击 "Set up project to record" 按钮，在弹出的对话框中单击 "Log In to Dashboard" 以登入 Cypress 的 Dashboard Service（看板服务），在弹出的对话框中选择 "Login with GitHub"，登录后，Cypress 将弹出对话框让你设置要

Record 的项目，如图 14-12 所示。

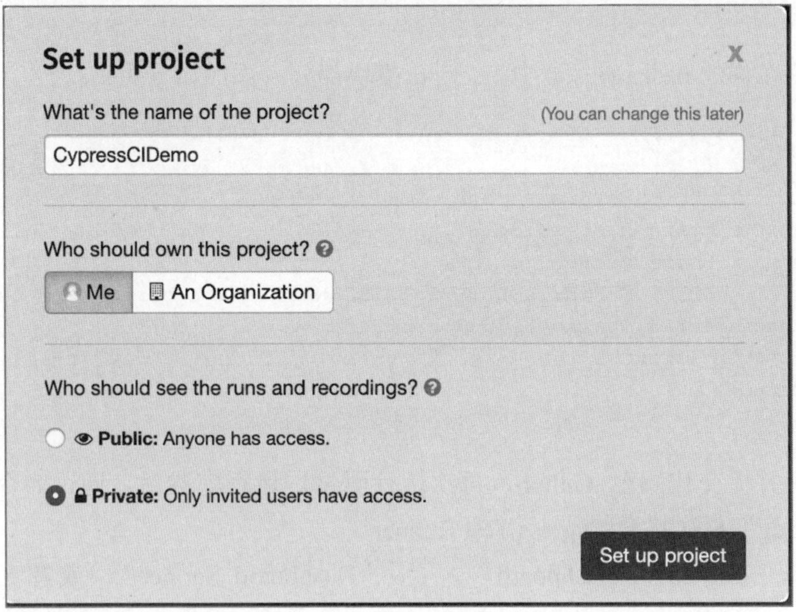

图 14-12 设置项目页

你可以设置你要 Record 的项目的名称及权限。单击 "Set up project" 按钮，Cypress 将会弹出一个对话框指导你配置 Record，如图 14-13 所示。

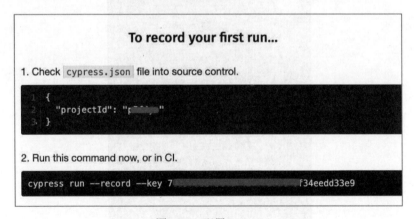

图 14-13 配置 Record

根据提示，进入你的项目根目录（本例为 E:\CypressCIDemo），在 cypress.json 中添加如下内容（projectId 和 record key 请填写你的项目 ID）：

```
{
"projectId": "p1121",
}
```

然后在你的 package.json 中，scripts 模块部分，添加如下代码：

```
//仅列出 scripts 部分
  "scripts": {
    "cy:run": "yarn cypress run",
    "debug": "yarn cypress open",
    "start": "node server.js",
    "test": "START_SERVER_AND_TEST_INSECURE=1 start-server-and-test start https-get://localhost:3002 ci:run",
    "ci:run": "cypress run --record --key 76657dee-364d-427f-ab1c-8f34eedd33e9"
  },
```

保存并提交代码至 Github，再次运行测试。运行完成后，通过命令行执行"yarn debug"再次打开 Cypress Test Runner。

选择"Log In to Dashboard"，登入 Dashboard Service[①]，或者直接访问 https://dashboard.cypress.io/test-runner-login。登录后，单击下方的"Cypress Dashboard Service"按钮进入你的项目页面，如图 14-14 所示。

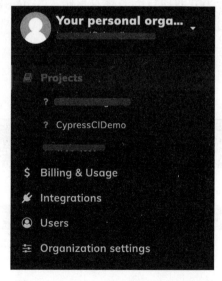

图 14-14 Dashboard Service 的项目界面

---

① 注意：Dashboard Service 是 Cypress 的收费功能。

单击项目名称（CypressCIDemo），你将看到项目的历次运行情况。选择本次运行并单击进入详情页，如图 14-15 所示。

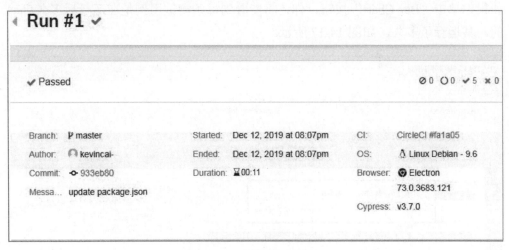

图 14-15 项目历次运行情况

你将看到本次运行结果的概述。这个结果跟你在 Circle CI 中看到的完全一致，但是 Cypress 提供了额外的细节，如图 14-16 所示。

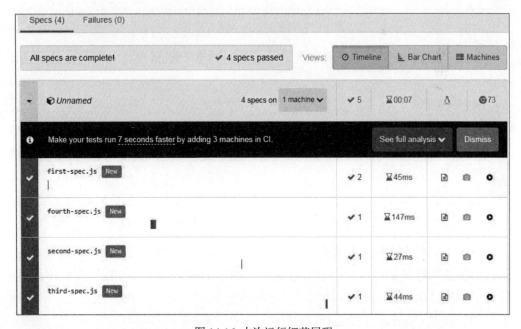

图 14-16 本次运行细节展现

Cypress 列出了每个测试用例执行的时间。同时，Cypress 为每条测试用例提供了其运行的 log 及运行的视频。你可以通过单击相应的图标来查看详细信息。如果你单击"Bar Chart"按钮，你还将能看到每条测试用例是在运行后多久启动的，其运行了多久，如图 14-17 所示。

图 14-17 每条测试用例运行详情

单击"machine"，你将看到此次运行的具体客户机情况，如图 14-18 所示。

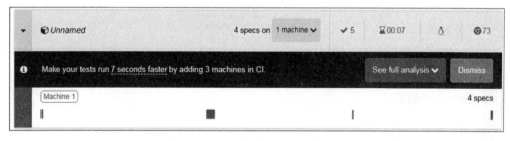

图 14-18 负责本次测试运行的主机

由图 14-18 可以看到，所有 2 条测试用例都运行在"Machine 1"，而且 4 条测试用例的执行开始时间已经被标注出来。通过 Dashboard Service，我们将能更好地了解测试执行情况。

（2）设置 Cypress 并行运行。

所有的测试都运行在一台机器上显然不合理，下面来更改配置使得测试真正实现并行运行。

首先，进入项目根目录（本例为 E:\CypressCIDemo），更改.circleci 文件夹下的 config.yml 文件。

```
//config.yml
//在 working_dirctory: ~/app 的下一行，更改"并发"数为2
    parallelism: 2
```

其次，更改 package.json 文件，加入"--parallel"参数。

```
//package.json, ci: run 加入-record 和 -parallel 参数
"scripts": {
    "debug": "yarn cypress open",
    "start": "node server.js",
    "test": "START_SERVER_AND_TEST_INSECURE=1 start-server-and-test start https-get://localhost:3002 ci-run",
    "ci:run": "yarn cypress run --record --key 76657dee-364d-427f-ab1c-8f34eedd33e9  --parallel"
  }
```

提交更改至 Github，然后打开 Dashboard Service 观察运行情况，如图 14-19 所示。

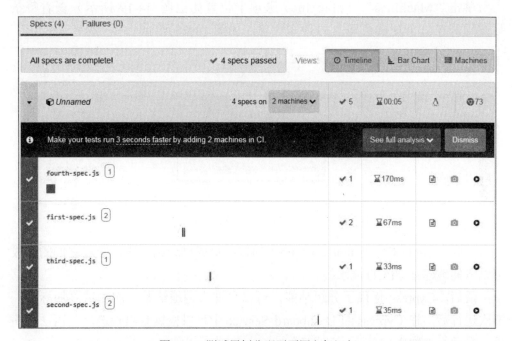

图 14-19 测试用例分配至不同主机运行

可以看到，测试被分配到 2 台不同的机器上运行了。单击图 14-19 中的"Bar Chart"按钮，查看详细信息，如图 14-20 所示。

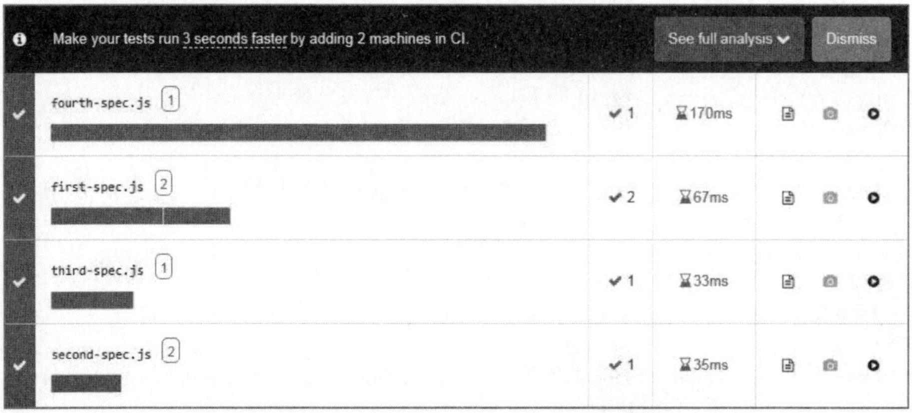

图 14-20 每条测试用例运行时被分配的主机

Cypress 在每一条测试用例上标注了其运行的机器。可以看到，"fourth-spec.js"和"third-spec.js"运行在机器 1 上，"first-spec.js"和"second-spec.js"运行在机器 2 上。Cypress 的负载均衡会根据测试运行情况将测试分发到不同机器运行。

单击"Machines"（Machines 选项卡位置如上图 14-19 所示）查看每条测试用例在每个测试机器上的具体信息，如图 14-21 所示。

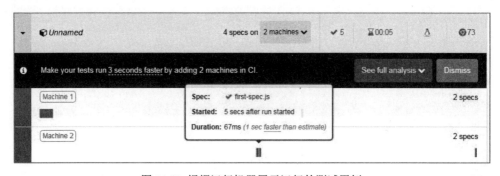

图 14-21 根据运行机器展示运行的测试用例

至此，Circle CI、Github、Cypress 的持续集成已介绍完毕，通过它们的集成，可以方便地建立 CI/CD 流水线。

最后，Cypress 提供了分组功能，可以允许人为地给某一次测试添加标签，多次运行后，在 Cypress 的 Dashboard Service 中可以根据分组筛选。其语法很简单，在运行参数中加入--group 即可。

```
//将 login 模块的所有用例 group 为 Login
cypress run --record --group Login --spec 'cypress/integration/login/
/*.js'
```

下面在我们的项目中实现此功能。

首先，更改 package.json。

```
//package.json，仅列出 scripts 部分
//注意 ci-run, ci: run1, ci:run2 的写法
"scripts": {
    "ModuleRun": "node moduleRunIndex.js",
    "debug": "yarn cypress open",
    "start": "node server.js",
    "test": "START_SERVER_AND_TEST_INSECURE=1 start-server-and-test
start https-get://localhost:3002 ci-run",
    "ci-run": "yarn ci:run1 && yarn ci:run2",
    "ci:run1": "yarn cypress run --record --key 76657dee-364d-427f-
ab1c-8f34eedd33e9 --group group1 --spec \"cypress/integration/first-
spec.js\" --parallel",
    "ci:run2": "yarn cypress run --record --key 76657dee-364d-427f-
ab1c-8f34eedd33e9 --group group2 --spec \"cypress/integration/third-
spec.js\" --parallel"
}
```

我们把 ci：run1 的运行 group 定为 group 1，把 ci：run2 的运行 group 定为 group 2，通过 ci-run 一次运行后，我们将得到两组 group 的数据。

然后，提交改动至 Github 触发 Build。测试结束后，查看 Cypress 的 Dashboard Service，如图 14-22 所示。

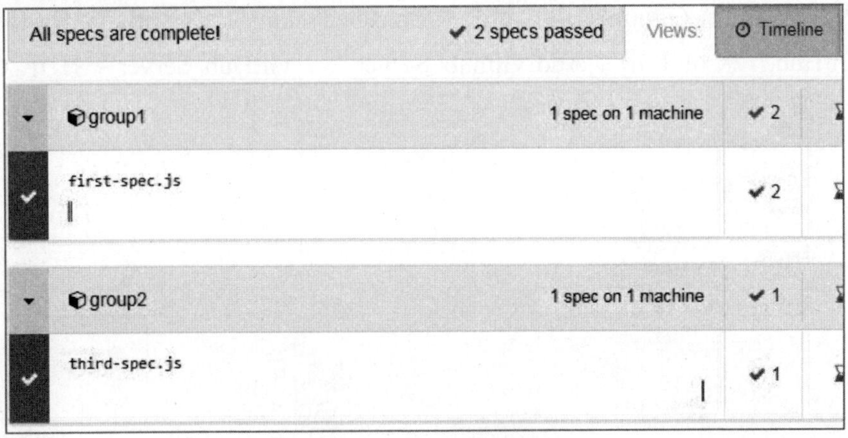

图 14-22 分组运行测试

在实际测试中，还可以根据运行的浏览器不同而进行分组，也可以根据业务模块分组运行。分组运行使我们能够以"组"为基准分析测试结果。

14.4 Jenkins 持续集成实践

Jenkins 是一款开源 CI/CD 软件，用于自动化各种任务，包括构建、测试和部署软件。Jenkins 流水线（Pipeline）是用户定义的一个 CD 流水线模型。流水线的代码定义了整个的构建过程，包括构建、测试和交付应用程序。

流水线包括声明式流水线和脚本化流水线两种。Pipeline 属于声明式流水线。

14.3 节介绍了 Circle CI，Github 和 Cypress 的集成。本节将介绍 Jenkins，Github 及 Cypress Pipeline 集成的详细步骤（基于 Windows 系统）。

（1）安装并配置 Jenkins。

Jenkins 的安装地址为 https://jenkins.io/zh/，请读者自行下载安装。安装结束后，访问网页 http://localhost:8080/，第一次运行 Jenkins 会让你选择安装插件，选择"安装推荐的插件"进行安装。安装好后即进入主页。你可以通过单击屏幕右上角的"Admin"下拉列表，选择"Configure"来更改用户名和密码，也可以直接通过 URL（http://localhost:8080/user/admin/configure）来更改。

接着进入 Jenkins 主页（http://localhost:8080/），选择"Manage Jenkins""Manage Plugins"，然后选择"Available"选项卡，在 Filter 文字框里输入"Blue Ocean"并选择"Install without restart"进行安装。使用同样的方式搜索并安装"Node.js""EnvInject Plugin""GitHub Integration"。

然后继续配置 Github 模块。单击"Manage Jenkins""Configure System"，在"GitHub"模块单击"Add Github Server""GitHub Server"打开 Github Server 配置模块，如图 14-23 所示。

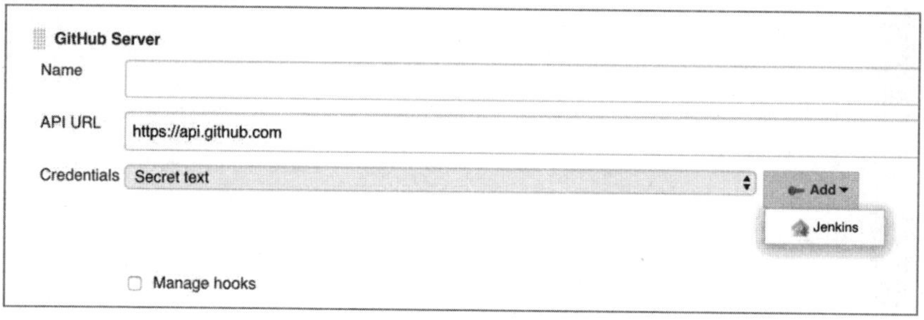

图 14-23 GitHub Server 配置

在"Credentials"下拉列表中选择"Secret text"选项,然后单击"Add"按钮,Jenkins进入"Add Credentials"配置页,如图14-24所示。

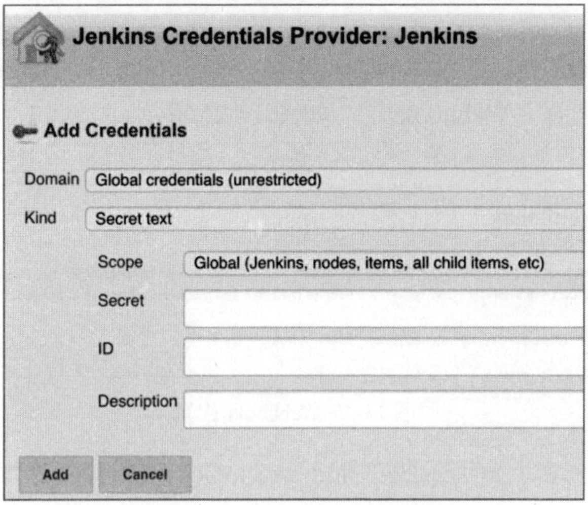

图 14-24 Add Credentials 配置

在"Add Credentials"配置页中的"Kind"选项卡选择"Secret text"选项,在"Secret"文本框中输入新生成的token[①]。单击"Add"按钮保存。

最后单击"Test Connection"确保连接 Github 正确。

(2) Github 项目配置。

登录 Github,上传你的项目代码(例如上例中的 CypressCIDemo),你也可以使用你自己的项目并将其上传至 Github。

(3) Github 与 Jenkins 集成。

Github 和 Jenkins 集成是通过 Webhooks 来触发的。Webhooks 允许你构建或设置集成,例如它允许你订阅 GitHub.com 上的某些事件。当这些事件之一被触发时,Github 将向 Webhooks 的配置 URL 发送一个 HTTP POST payloads 以触发 CI 构建。

要集成 Jenkins,在 Github 上的设置如下:

首先登录 Github,单击右上角你的用户名右边的下拉列表,选择"Settings"选项卡,单击"Developer settings",然后选择"Personal access tokens",单击"Generate new token"。在"New personal access token"配置项中,选中"repo"

---

① Token 来自于第 3 步 Github 与 Jenkins 集成中,"Generate new token"所生成的 token。

"admin:repo_hook",并在"Note"中输入此 token 的用途。然后单击"Generate token"按钮,复制新生成的 token(此 token 用作 Jenkins 中 Github 配置 Credentials)。

然后在 Github 中,进入你的项目主页,单击右侧的"Settings"选项卡,在左侧的菜单栏中选择"Webhooks",如图 14-25 所示。

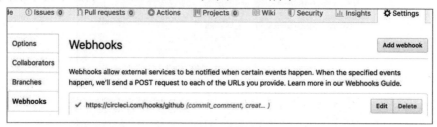

图 14-25 Webhooks 配置

单击图 14-25 右上角所示的"Add webhook"按钮,新添加一个 webhook,如图 14-26 所示。

图 14-26 添加 Webhooks

在"Payload URL"文本框中填写 Jenkins Server 所在的地址（注意，需要填写外网地址，本地 localhost 地址 Github 不接受），格式为 http://你的 Jenkins 地址：8080/github-webhook/。

在"Which events would you like to trigger this webhook?"选区，选择哪些事件可以触发这个 webhook，选择"Just the push event"。你也可以根据自己项目需要设置。然后单击"Add webhook"按钮即可。

（4）创建 Jenkins Pipeline 流水线。

Pipeline 流水线的建立有两种方式：

- 通过 Jenkins 页面创建流水线

单击"Open Blue Ocean"按钮进入 Blue Ocean 页面（也可以直接 URL 访问：https://your-jenkins-server-url/blue）。单击"创建流水线"按钮，如果你是第一次打开 Jenkins Pipeline，你将看到如图 14-27 所示。

图 14-27 创建新的流水线

接着在弹出的页面中，"选择代码仓库"选区，单击选择"GitHub"选项，如图 14-28 所示。

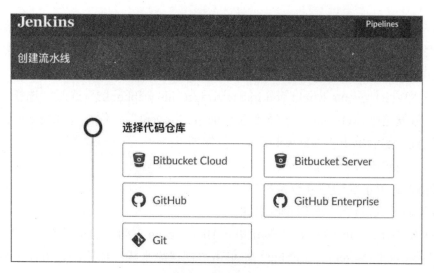

图 14-28 选择代码仓库

在"Connect to Github"文本框中,输入前面步骤生成的 token,并单击"Connect"按钮,如图 14-29 所示。

图 14-29 连接 Github

接着在"Which organization does the repository belong to"中选择你所属的组织。然后搜索我们的项目名(CypressCIDemo),单击"创建流水线"按钮,如图 14-30 所示。

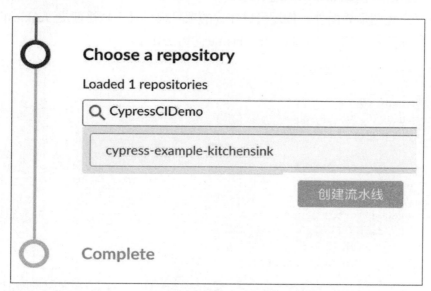

图 14-30 选择代码仓库

在如图 14-31 的操作界面中,选择"+"号创建阶段(包括名称和步骤),直至完成。

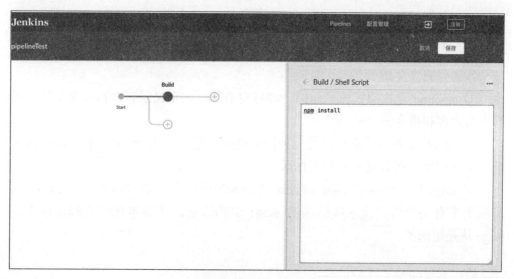

图 14-31 创建流水线

单击"Save & run"按钮，Pipeline 会自动生成一个 Jenkinsfile 并开始运行。你可以在 Jenkins 中看到你的流水线被触发和执行的过程。

- 直接编写 Jenkinsfile 创建流水线

除了上述图形界面外，你还可以在你的项目根目录下直接建立 Jenkinsfile 文件定义你的流水线的各个步骤。Jenkinsfile 的语法如下：

```
//Jenkinsfile (声明式流水线)
pipeline { ①
    agent any ②
    stages {
        stage('Build') { ③
            steps { ④
                sh 'make' ⑤
            }
        }
        stage('Test'){
            steps {
                sh 'make check'
                junit 'reports/**/*.xml' ⑥
            }
        }
        stage('Deploy') {
            steps {
                sh 'make publish'
            }
        }
    }
}
```

各部分的含义如下[①]：

① pipeline 是声明式流水线的一种特定语法，它定义了包含执行整个流水线的所有内容和指令的"block"。

② agent 是声明式流水线的一种特定语法，它指示 Jenkins 为整个流水线分配一个执行器（在节点上）和工作区。

③ stage 是一个描述 stage of this Pipeline 的语法块。在 Pipeline syntax 页面阅读更多有关声明式流水线语法的 stage 块的信息。在脚本化流水线语法中，stage 块是可选的。

[①] 更详细的 Jenkins 声明式流水线的语法及介绍请查阅 https://jenkins.io/zh/doc/book/pipeline/。

④ steps 是声明式流水线的一种特定语法，它描述了在这个 stage 中要运行的步骤。

⑤ sh 是一个执行给定的 shell 命令的流水线 step（由 Pipeline: Nodes and Processes plugin 提供）。

⑥ junit 是另一个聚合测试报告的流水线 step（由 JUnit plugin 提供）。

在项目根目录下创建 Jenkins 文件，内容如下：

```
pipeline {
  agent any
  stages {
    stage('Dependencies') {
      steps {
        sh 'npm i'

      }
    }
    stage('Build') {
      steps {
        echo 'build process'
      }
    }
    stage('e2e Tests') {
      steps {
        sh 'npm run test'
      }
    }
  }
  tools {
    Node.js 'Node.js 13'
  }
  environment {
    CHROME_BIN = '/bin/google-chrome'
  }
}
```

由于 Jenkinsfile 中 yarn 命令不起作用，需要更改 package.json 文件。

```
//仅列出 scripts 部分
"scripts": {
   "cy:run": "npm run cypress run",
   "debug": "npm run cypress open",
   "start": "node server.js",
```

```
    "test": "START_SERVER_AND_TEST_INSECURE=1 start-server-and-test
start https-get://localhost:3002 ci-run",
    "ci-run": "npm run ci-run1 & npm run ci-run2",
    "ci-run1": "cypress run --record --key 76657dee-364d-427f-ab1c-
8f34eedd33e9 --group group1 --spec \"cypress/integration/first-
spec.js\" --parallel",
    "ci-run2": "cypress run --record --key 76657dee-364d-427f-ab1c-
8f34eedd33e9 --group group2 --spec \"cypress/integration/third-
spec.js\" --parallel"
  }
```

提交代码到 Github，在 Jenkins 中同样可以观察到 Pipeline 的运行。在实际项目实践中，如果你的公司已经实现了 DevOps 流水线，比如你们使用了 Kubernetes，Docker，集成 Jenkins 和 Github 进行全自动部署，测试和发布，则笔者推荐使用编写 Jenkinsfile 的方式直接创建流水线进行测试。

本章所有的代码，可以通过 https://github.com/thinkbig07/CypressCIDemo.git 获取。

附录 A

参考资料

A.1 源代码下载

本书所有章节的代码，均可以通过 https://github.com/thinkbig07/intoCypress 获取。

A.2 参考资料

本书主要参考资料为：

Cypress 官方网站：https://www.cypress.io/

Cypress Github 官方网站：https://github.com/cypress-io/cypress-example-kitchensink

A.3 联系作者

如你在阅读本书时发现不合理或错误需勘正的情况，或你有任何疑问、建议，请关注微信公众号"iTesting"，并直接留言，我会第一时间联系你。

反侵权盗版声明

电子工业出版社依法对本作品享有专有出版权。任何未经权利人书面许可，复制、销售或通过信息网络传播本作品的行为；歪曲、篡改、剽窃本作品的行为，均违反《中华人民共和国著作权法》，其行为人应承担相应的民事责任和行政责任，构成犯罪的，将被依法追究刑事责任。

为了维护市场秩序，保护权利人的合法权益，我社将依法查处和打击侵权盗版的单位和个人。欢迎社会各界人士积极举报侵权盗版行为，本社将奖励举报有功人员，并保证举报人的信息不被泄露。

举报电话：（010）88254396；（010）88258888
传　　真：（010）88254397
E-mail：dbqq@phei.com.cn
通信地址：北京市万寿路南口金家村 288 号华信大厦
　　　　　电子工业出版社总编办公室
邮　　编：100036